bhv PRAXIS

Geheimnis SEO
**Tipps, Tricks und Know-how aus der Praxis
eines erfahrenen SEO-Experten**

Dirk Schiff

bhv PRAXIS

Geheimnis SEO

**Tipps, Tricks und Know-how
aus der Praxis eines erfahrenen
SEO-Experten**

Bibliografische Information der Deutschen Nationalbibliothek

Die Deutsche Nationalbibliothek verzeichnet diese Publikation in der
Deutschen Nationalbibliografie; detaillierte bibliografische
Daten sind im Internet über <http://dnb.d-nb.de> abrufbar.

Bei der Herstellung des Werkes haben wir uns zukunftsbewusst
für umweltverträgliche und wiederverwertbare Materialien entschieden.

Der Inhalt ist auf elementar chlorfreies Papier gedruckt.

ISBN 978-3-8266-7582-9
1. Auflage 2012

E-Mail: kundenbetreuung@hjr-verlag.de

Telefon: +49 89/2183-7928
Telefax: +49 89/2183-7620

© 2012 bhv, eine Marke der Verlagsgruppe Hüthig Jehle Rehm GmbH
Heidelberg, München, Landsberg, Frechen, Hamburg

Printed in Germany

Lektorat: Steffen Dralle
Korrektorat: Frauke Wilkens
Satz: Petra Kleinwegen

Inhalt

	Einleitung	**15**
1	**Erste Schritte zum Erfolg der eigenen Webseite**	**19**
	Einen Webseitennamen finden	20
	Warum ist der Domainname so wichtig und wie gelangt man an die perfekte Domain?	20
	Auswahl des Domainnamens	20
	Warum de-Domain?	22
	Schlüsselwörter finden und auf der Webseite platzieren	23
	Qualität zählt	23
	Keywords in den Meta-Tags, ja oder nein?	25
	Die richtige Seitenbeschreibung und den passenden Titel für die Webseite mit ein paar Klicks	25
	Interne Verlinkung inklusive Tag-Cloud	27
	Wie sieht eine interne Verlinkung aus?	27
	Einsatz einer Tag-Cloud	28
	Sitemap als Übersicht im HTML-Format	29
	Der Ladezeit der Webseite auf die Sprünge helfen	29
	Den Besucher der Webseite zum Kunden machen	30
	Auf dem direkten Weg mit der neuen Webseite im Google-Index landen	32
	Wie kommt die neue Webseite in den Google-Index?	32
	Weitere Möglichkeiten der schnellen Indexierung	33
	Den User auf der Webseite halten	35
	Die Seite von Beginn an attraktiv gestalten	35
	Einzigartige, frische und gute Inhalte	36
	Benutzerfreundlichkeit mit Mehrwert	36
	Eine gute Menüführung mit perfekter Übersicht als Sitebooster	37

Ein Blog ist Gold wert und sorgt für Neukunden –
Blogerstellung in wenigen Schritten 40
    Blog als Alternative zu einer normalen Webseite 40
    Wunschdomain 40
    WordPress-Domain 41
    SEO für WordPress 41
Erste wichtige Anmeldungen, damit Sie auch schnell
gefunden werden bei Google und Co. 42

**2   Nur mit Backlinks werden Sie
gefunden   45**
Anmeldung beim Verzeichnis DMOZ 46
    Richtige Kategorie auswählen 46
Gemeinsam auf der Suche nach starken Backlinks,
Anschreiben formulieren und loslegen 48
    Google-Befehle richtig einsetzen 49
    Was bedeutet das für die Suchmaschinen-
    optimierung in der Praxis? 49
    Wie schreibt man den potenziellen Linkgeber
    an? 53
    Kostenlos als Gastautor Links abstauben –
    nicht einfach, aber möglich 53
    Wie kommt man an noch mehr Links? 54
    Aufhänger oder Mehrwert als Titel der
    Anfrage auswählen 55
Wie bekommt man einen Link bei Wikipedia? Mehrwert
schaffen und Link zur eigenen Seite setzen oder
Plan B 56
    Was bringt ein Link bei Wikipedia und warum
    ist dieser so wertvoll? 56
    Wie erhält man den Link bei Wikipedia
    überhaupt? Gibt es einen bestimmten Trick
    oder ein Geheimnis? 57
    Plan B für den Link bei Wikipedia 57
    Bekanntheitsgrad und Erfolg eines Unternehmens
    als Kriterium für die Aufnahme bei Wikipedia 58
Jede Menge Links kostenlos: Branchenbücher,
Webkataloge und Co. aus Deutschland, Österreich,
der Schweiz und den USA – der Mix macht's 59
    Dofollow und Nofollow im Mix 60

Fehlerfreier Linkaufbau in der Praxis mit der eigenen
Seite, ohne die Seite aus dem Google-Index zu
katapultieren 61
Linktausch kann verboten sein, aber ohne geht es
kaum 62
SEO-Software als Instrument 63
    Welche Angebote nicht infrage kommen und
    warum 63
    Suchmaschinenoptimierungsmaßnahmen
    sollten Sinn ergeben 64
    Ziele definieren 64
    Zusammenspiel mehrerer Faktoren führt
    zum Erfolg 65
RSS-Links kassieren und besser gefunden werden 65
Links in der richtigen Nachbarschaft bzw.
Themengleichheit unterbringen 67

3   Neue Kunden und mehr Besucher   69
Account anlegen bei Facebook, Twitter,
Google+ und Co. 70
    Anmeldung bei Facebook 70
    Unternehmensprofil oder Fanpage bei
    Facebook einrichten 72
    Anmeldung bei Twitter 73
    Anmeldung bei Google+ 73
    Firmenprofil bei Google+ anlegen 74
Buttons der sozialen Netzwerke auf der eigenen
Seite einbauen 74
    Der Google+-Button 75
    Der Facebook-Like-Button 75
    Der Twitter-Button 76
Bekanntheitsgrad steigern durch Posten von Tweets 77
    Wie funktioniert die Verbreitung einer
    Nachricht? 77
    Ping-Dienste richtig einsetzen –
    am Beispiel Ping.fm 77
Das soziale Netzwerk XING und die Verknüpfung
der eigenen Webseite 78
    Leser und Kunden gewinnen 79

Über Foren, Ratgeberseiten und Gruppen können
Leser oder Interessenten zu neuen Kunden werden   80
    Gruppen bei XING   80
    Forum innerhalb einer Gruppe   81
    Foren und Ratgeberportale als Berater nutzen
    und Leser als Kunden gewinnen   81
    Forenrecherche   82
Eine XING-Firmenseite anlegen   83
Empfehlungen sind Gold wert – Accounts bei Qype,
Ciao usw. und was es bringt   84
Google Places – Account-Erstellung mit wichtigen
Hinweisen   86
SEO für den Google Places-Account und wie dieser
Ihre Auffindbarkeit verbessert   87
Wie bringen Sie Kunden dazu, Ihren Service bei Qype,
Google oder anderen Netzwerken zu bewerten?   88

4   Wichtige Parameter abfragen und verstehen   89

Der Einsatz der Geheimwaffe: Google AdWords
Keyword-Tool   90
Kostenlose hilfreiche Tools nutzen und die eigene
Seite stärken   93
    Backlinkchecker   93
    SEO-Allrounder-Tools   94
Die besten kostenpflichtigen Tools   95
    XOVI   95
    SISTRIX   96
    SEOlytics   98
    Searchmetrics   99
Wichtige Funktionen und Parameter für den
Linkaufbau unter der Lupe   100
    Sichtbarkeitsindex   100
    Anzahl der Links, Domainpop, IP-Pop, Class-C   101
    Rankings und Keywords   102
    Social Links und Visibility   103
Rankingfaktoren – wissen, worauf es ankommt   105
    Anzahl der Backlinks   105
    Zusammenspiel von Title, Description und
    Content   106

Interne Verlinkung 106
Name der Webseite 106
Domainalter 106
Ladezeit einer Seite 107
Inhalt der Webseite 107
Anchor-Text der eingehenden Links 107
Trust und Stärke der eingehenden Links 107
Struktur der Webseite 107
Soziale Netzwerke 107
Unerlaubte Links und Black-Hat-SEO an bestimmten
Strukturen früh erkennen 108
Besser White-Hat-SEO als alles übers Knie brechen –
White-Hat- versus Black-Hat-SEO 109
Bevor ein Link gesetzt wird, dem Linktauschpartner
auf den Zahn fühlen 110
Rankingcheck 110
Kein Linktausch ohne Prüfung, ob Ihr Link
online bleibt 111
Backlink-Spinne als Alternative 112
Mit Google Webmaster-Tools sehen, woher die
Kunden kommen, und neue Quellen erkennen –
mehr Kundschaft und mehr Umsatz generieren 113
Möglichkeiten der Anmeldung bei Webmaster-
Tools 113
Ihre Seite im Web 115
Links und Anchor-Texte Ihrer Seite 115
Google+ in den Webmaster-Tools 116
Google Analytics 117

5   Suchmaschinenmarketing   119
Google AdWords – einfach starten mit Werbung
zum halben Preis 120
Warum überhaupt Werbung bei Google
schalten? 120
Anmeldung bei AdWords über
adwords.google.de 120
Ausgaben im Auge behalten: Statistik führen
und AdWords gezielt einstellen 125
Kampagne starten 125

Andere Werbemaßnahmen wie Facebook-Anzeigen
buchen – gezahlt wird nur bei Klick   128
Affiliate-Marketing bringt neue Besuche   129
   Affiliate-Portale   129
   Webseite als Händler über Affiliate-Marketing
   vermarkten   130
Videovermarktung über YouTube mit Einbindung
auf Ihrer Webseite   130
   Kostenpflichtige Variante   130
   Kostenlose Nutzung der Videovermarktung 131
   Videos und SEO   132
   Videosuche   133
   Rankingfaktoren für Videos   134
Videos auf der eigenen Webseite ohne Verwendung
von YouTube   134
Linkbait – durch gezielte Aktionen Links kassieren   135
Newsletter auf der eigenen Seite und
Bekanntheitsgrad steigern   136
   Häufigkeit der Versendung und Form   137
Newsletter-Werbung über fremde Seiten buchen   138
   Wie finden Sie Newsletter-Anbieter?   139

**6   Texte bei der Suchmaschinen-
optimierung   141**
Bestimmte Texte gehören auf die Seite: Impressum,
„Über uns", Kontaktdaten usw.   142
Nachrichten und Texte: Formulierung und Wirkung   143
Wie kommt man an Texte, wenn man selbst nicht
schreibt? Content-Marktplatz und -Anbieter als
Lösung   143
Wie werden Texte für die Suchmaschinen optimiert?   145
Marken- und Urheberrecht   147

7   Feintuning, Tipps und kleine Kniffe   149
Geheimtipps aus erster Hand: Quellen finden,
die nicht jeder kennt   150
   Backlinkchecker im Einsatz   150
   Blogkommentare   151
   Forenprofillinks und Textlinks im Forenbeitrag 152
   Spendenlinks (Donations)   154

Google News: So gelangt man hinein und bekommt
1.000 Besucher pro Tag mit nur einem Text 156
   Wie wird man Quelle von Google News? 158
   SEO für Google News: Wie rankt man besser? 159
   Welche Vorteile bringt die Teilnahme bei
   Google News? 160
   Videos in Google News 161
Links in der richtigen Dosierung –
Beispiele, wie man es nicht machen sollte 161
   Penalty 161
   Sandbox 163
   Was können Sie tun, wenn Ihre eigene Seite
   abgestraft wurde? 165
Rich Snippets: Shopping-Ergebnisse des eigenen
Onlineshops bei Google 166
Google Shopping für den eigenen Onlineshop
nutzen und Ihre Artikel in den Suchergebnissen
anzeigen lassen 169
SEO: Texte richtig formatieren, um besser gefunden
zu werden 170
   Keywords richtig einsetzen 170
   Wahrnehmung der Suchbegriffe durch
   Suchmaschinen und User 172
   Schreibweise von Keywords 174
   Schriftattribute fett und kursiv 174
Linkkauf ist manchmal sinnvoll 175
Die richtigen Wörter zur richtigen Seite verlinken –
Unterseiten müssen auch verlinkt werden 177
Optimierung von Google Verticals: Bilder, Videos,
regionale Ergebnisse 178
   Mit Bildern, Videos, News oder anderen
   Verticals in die Ergebnisse gelangen 179
   Videos und Ranking für die vertikale Suche 180
   Bilder und das Ranking der vertikalen Suche 180
   Blogs und das Ranking der vertikalen Suche 180
Pinterest: Was ist das und wozu dient es? 181
   Pinterest und SEO 181

8   Neuerungen am SEO-Markt   183

Was beinhaltet das Panda-Update?   184
  Panda-Update   184
  Gewinner und Verlierer des Panda-Updates   184
  Usability sorgt für längere Verweildauer   185
  Welche Fehler sollte man vermeiden, um den
  Panda-Standards zu entsprechen?   185
Wichtige Informationsquellen im Internet zum
Thema SEO   187
  Deutsche Internetseiten und Fachzeitschriften   187
  Englischsprachige Internetseiten   188
  Weiterbildungsmöglichkeit der Branche   190
SEO-Veranstaltungen: Wissensvorsprung mitnehmen   191
  SMX München   191
  SEO Day Köln   192
  SEO Campixx Berlin   193
  The Search Conference   194
  SEOkomm   194
Was bietet Google+ und wie können Sie es effektiv
nutzen?   195
  Google+-Links im Index von Google   195
  Google+ und die Suchergebnisse   197
  Google+-Profil   199
Content ist immer noch der König: Warum?   199
  Einzigartiger Content   199
  Automatisierter Content   200
  Journalistische Inhalte   200
  Text Spinning   200
Social Signals: Was ist das und was bringt es?   201
Fehler im Content und doppelten Content
korrigieren   202
  Doppelter Content   203
  Korrektur   203
  Meta-Tags und URLs   203
SEO nach Richtlinien von Google mit Webmaster-
Tools als Instrument   204
  Linkaufbau   204

Ausblick: Mobiles Internet jetzt schon als Chance
nutzen   207
    Mobiles Internet, SEO und mobile Suche   207
    Zukünftig nutzen immer mehr Internetuser
    Tablet-Computer oder Smartphones   208
    Was teilt Google hinsichtlich des mobilen
    Internets mit?   208
Änderungen bei Google außerhalb des Panda-
Updates inklusive Author-Tag   209
    Snippets   209
    Relevanz Stimmigkeit Seiteninhalte, -titel
    und -thema   210
    Relevanz einer Nachricht   210
    Mit neuen Inhalten bessere Platzierungen
    erzielen   210
    Autorenschaft bei Google mit dem Author-Tag   211
Google ändert den Algorithmus und plant
semantische Suche   214
    Die semantische Suche bei Google liefert
    mehr Fakten sowie Fragen und Antworten   215
    Was können Sie tun, damit Ihre Seite auch
    nach den Algorithmusänderungen und der
    Einführung der semantischen Suche noch gut
    ranken kann?   216

Anhang   **217**
Exklusivinterview mit dem internationalen SEO-
Experten Rand Fishkin, Mitgründer von SEOmoz   217

Index   **221**

Einleitung

Fast jeder Unternehmer verfügt über eine Webpräsenz. Jedoch bringt eine Internetseite nur etwas, wenn man auch damit bei Google und Co. gefunden wird. Die Präsentation des Unternehmens im Internet wird immer wichtiger. Immer mehr Menschen suchen den Friseur um die Ecke oder den Arzt im Wohnort über das Internet. Für jedermann lohnt es sich, eine Internetseite erstellen zu lassen und mit SEO (*Search Engine Optimization* – Suchmaschinenoptimierung) zu beginnen. Damit können einfach zusätzliche Aufträge generiert werden.

Der Anspruch an Suchmaschinenoptimierung hat sich in den letzten Jahren durch gravierende Änderungen von Google erhöht. Das Panda-Update sowie diverse Änderungen am Algorithmus wurden durchgeführt. Google plant weitere Neuerungen wie z.B. eine semantische Suche oder härtere Bestrafungen für überoptimierte Webseiten. Das Benutzerverhalten verändert sich ebenfalls. Der Trend geht immer mehr in Richtung „mobiles Internet". Benutzerfreundlichkeit und die Auffindbarkeit der eigenen Seite spielen eine große Rolle, um das Gefecht mit der Konkurrenz aufnehmen zu können.

Geheimnis SEO bietet praktische Anleitungen und präsentiert Lösungsansätze zu den Themen SEO, Suchmaschinenmarketing, Social Media, Benutzerfreundlichkeit und Texterstellung, um am hart umkämpften Internetmarkt erfolgreich zu sein und vor allem auch zu bleiben. Denn Suchmaschinenoptimierung erfordert eine ständige Weiterentwicklung.

Das Buch richtet sich an Anfänger und fortgeschrittene Internet-User. Das Hauptaugenmerk von *Geheimnis SEO* liegt auf Suchmaschinenoptimierung. Heutzutage kann erfolgreiche SEO nicht ohne Social-Media-Optimierung, Usability, gute Texte oder Internetmarketing durchgeführt werden.

Im ersten Kapitel zeige ich Ihnen, worauf es bei der Erstellung einer Webseite ankommt. Wie finden Sie den richtigen Webseitennamen? Der Einsatz der richtigen Schlüsselwörter wird am praktischen Beispiel dargestellt. Wie wird Ihre Webseite schneller? Der Leser und die Suchmaschine lieben schnelle Webseiten. Wenn die technischen Details geklärt sind, machen wir uns gemeinsam auf den Weg in Googles Index und sorgen dafür, dass der Leser auch auf der Seite bleibt. Kapitel 2 beschäftigt sich mit dem wichtigsten Teil der Optimierung außerhalb der Webseite. Wie kommen Sie an starke Backlinks? Wikipedia und DMOZ-Link sind immer noch wichtig. Wie kommen Sie in diese wichtigen Verzeichnisse? Beispiele zum praktischen Linkaufbau unter Berücksichtigung der Google-Richtlinien werden in diesem Kapitel gezeigt. Lesen Sie Ratschläge, welche Angebote zum Linkaufbau man besser sein lässt.

Step by Step erarbeiten wir verschiedene praktische Maßnahmen in sozialen Netzwerken, wie z.B. die Accounterstellung bei Facebook oder das Anlegen einer Fanseite. Diese Kundenfänger schaffen Transparenz und Wiedererkennungswert Ihrer Internetseite. Dauerhaft wird man ohne soziale Netzwerke nicht gegen die harte Konkurrenz am SEO-Markt ankämpfen können. Google+, Facebook, Twitter und XING sind die wichtigsten sozialen Netzwerke. Social-Media-Accounts und Empfehlungsmanagement führen zur Steigerung der Besucherzahlen und wirken sich positiv auf SEO aus. Dies und mehr bietet Kapitel 3.

Die richtige Anwendung von Google-Befehlen sorgt für wundervolle Erfolge – die Praxisschritte beweisen es Ihnen am Beispiel in diesem Buch! In Kapitel 4 probieren Sie die Geheimwaffe „AdWords Keyword-Tool" mit mir gemeinsam aus und werden sehen, dass der Erfolg nicht lange auf sich warten lässt. Auch kostenpflichtige Tools werden unter die Lupe genommen. Die Investition zahlt sich bei richtiger und kontinuierlicher Anwendung zehnfach aus.

Werbung mit dem richtigen Marketingmix im Praxisworkshop liefert das fünfte Kapitel. Worauf müssen Sie bei der Auswahl eines Newsletter-Anbieters achten? Welche SEM-Maßnahmen steigern die Besucherzahlen Ihrer Seite? Eigener Newsletter, AdWords, Affiliate sowie Videoanzeigen und Facebook-Werbung sind hier die Lösung.

In Kapitel 6 werden Textbeispiele für Impressum und Nachrichten auf Ihrer Webseite erläutert, damit Sie keine Abmahnung erhalten. Wo bekommen Sie vernünftige Texte her, wenn Sie sie nicht selbst erstellen? Content-Anbieter sind hier die Lösung. Wie werden Texte für die Suchmaschinen optimiert? Um diese Fragen geht es in diesem

Kapitel. Zusätzlich gibt es noch einen kleinen Einblick in den Bereich Marken- und Urheberrecht.

Das siebte Kapitel beinhaltet Geheimtipps, wie Sie an Linkquellen gelangen, die nicht jeder kennt. An einem realen Beispiel zeige ich Ihnen, wie es möglich ist, 1000 Besucher mit einer Nachricht über die Google News auf Ihre Seite zu locken. Was bringen Rich Snippets oder Pinterest? Auch diese Fragen klären sich im vorletzten Kapitel. Links können nicht willkürlich gesetzt werden. Auf die Dosierung und den Linktext kommt es an. Sollte man Links kaufen? Optimierung von Google Verticals: Bilder, Videos, regionale Ergebnisse, aber auch SEO für Onlineshops gehören dazu.

Kapitel 8 beschäftigt sich mit dem Panda-Update, damit Sie die Neuerungen bei Google erkennen und in der Praxis richtig interpretieren. Bei Google gibt es ein sogenanntes „Spam-Team", das sich manuell um die Inhalte im Web kümmert. Kontrolliert werden diverse Faktoren und die Qualität des Contents. Ich zeige Ihnen, worauf es ankommt – inklusive Social Signals, den wichtigsten Informationsquellen zum Thema im Web, Google+, Neuerungen und einem Ausblick in die Zukunft des mobilen Internets sowie dem neuen Author-Tag.

Am Ende des Buches finden Sie ein interessantes Interview mit dem bekanntesten internationalen Internetmarketing- und SEO-Experten Rand Fishkin, einem der Gründer von SEOmoz.

Nun wünsche ich Ihnen viel Erfolg und gutes Gelingen beim SEO-Tuning Ihrer Webseite.

Dirk Schiff

1 Erste Schritte zum Erfolg der eigenen Webseite

Einen Webseitennamen finden

Warum ist der Domainname so wichtig und wie gelangt man an die perfekte Domain?

Zum einen ist der Domainname für die Suchmaschinen wichtig, da sogenannte *Keyworddomains* bessere Chancen auf eine gute Platzierung haben als Domains ohne Schlüsselwörter. Wenn die Keyworddomain genauso gut suchmaschinenoptimiert ist wie die Domain ohne Keywords, rankt die Keyworddomain deutlich besser. Dies ist der Grund für die hohen Preise der Keyworddomains beim Domainhandel. Dennoch lassen sich bei Sedo.de, dem bekanntesten Domainhandelsplatz weltweit, über Auktionen häufig Schnäppchen erwerben.

Man kann Sedo auch umgehen, indem man auf der Webseite Denic.de den Namen der Domain, die man zu kaufen beabsichtigt, eingibt. Dadurch gelangt man an die Kontaktdaten des Domaininhabers und kann eine Anfrage für den Kauf der Domain stellen. Im Normalfall sollte der Preis günstiger sein als über die Plattform Sedo, da der Verkäufer beim Verkauf über den Domainhandel eine Provision an Sedo leisten muss. Die DENIC eG ist die zentrale Registrierungsstelle für alle Domains mit der Endung *de*. Die DENIC übernimmt die Gewährleistung für den technischen Betrieb der de-Domains.

Auswahl des Domainnamens

Wer z.B. in der Immobilienbranche tätig ist, wird in der Stadt, in der er ansässig ist, als Immobilienmakler unter den Suchbegriffen „Immobilien" oder „Immobilienmakler" in Verbindung mit dieser Stadt gesucht und möchte natürlich bei Google auch unter diesem Suchbegriff bzw. diesen -kombinationen gut gefunden werden. Man sollte bei der Auswahl des Domainnamens an eines der Schlüsselwörter denken. Wenn z.B. geplant ist, unter der Suchbegriffkombination „Immobilien Stuttgart" in den Top Ten von Google zu landen, würde der perfekte Domainname für die neue Firma *Immobilien-Stuttgart*.

de lauten. Für Google macht die umgekehrte Variante auch keinen großen Unterschied, denn das Keyword-Tool von Google zeigt, dass die Anzahl der Suchanfragen genau gleich hoch ist, egal ob man Immobilien Stuttgart oder Stuttgart Immobilien eingibt.

Das Keyword-Tool ist ein wichtiges Instrument, um festzustellen, welche Suchbegriffe für eine Internetseite optimiert werden müssen. Das wertvolle Tool ist unter folgendem Link zu finden: *https://adwords. google.com/select/KeywordToolExternal*. Mit diesem Tool wird das monatliche Suchvolumen eines Begriffs oder einer Suchbegriffkombination angezeigt.

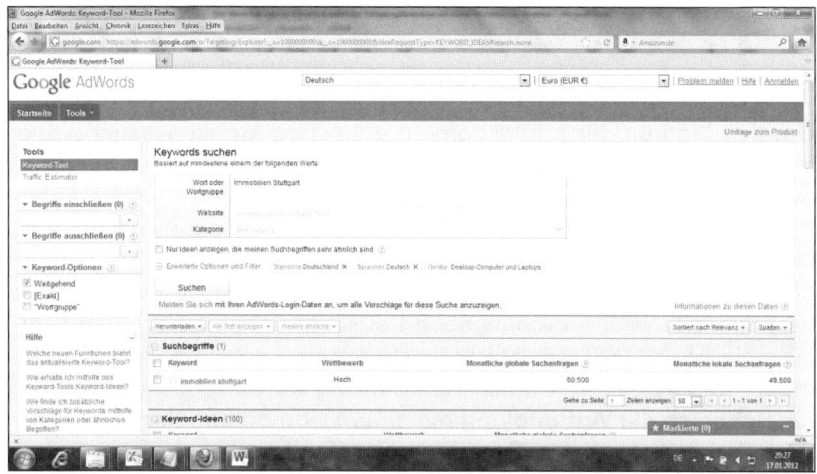

Abb. 1.1: Beispiel der Anzeige des Keyword-Tools (Quelle Google.de)

Falls die Domain Immobilien-Stuttgart.de nicht zu haben ist, kann man weitere Varianten im Keyword-Tool ausprobieren. Beispielsweise kann die Einzahl eines Suchbegriffs ähnlich gute Ergebnisse liefern. Immobilie-Stuttgart.de ist eine gute Alternative zu Immobilien-Stuttgart.de. Wenn die Keyworddomain Ihnen nicht gefallen sollte, kaufen Sie einfach zwei Domains und schreiben auf Ihre Visitenkarte den Namen, der Ihnen gefällt. Dies könnte so aussehen, dass auf der Visitenkarte Immobilien-Betram.de steht und dieser Domainname einfach auf die Keyworddomain umgeleitet wird. Für die Suchmaschinen wird die Keyworddomain optimiert und dennoch sieht der Kunde den schöneren Domainnamen auf der Karte. Damit schlagen Sie zwei Fliegen mit einer Klappe.

TIPP

Über Denic.de oder Strato.de lässt sich in wenigen Sekunden feststellen, ob Ihre Wunschdomain noch frei ist. Diese kann dort direkt auf Ihren Namen registriert werden, falls die Domain noch verfügbar ist. Bevor man eine Domain kauft, ist die Auswahl einer freien Domain immer die günstigste Variante, einen guten Namen für seine Seite zu finden.

Beispiel aus der Praxis

Um den Namen der Erfolgsdomain guenstige-krankenversicherung. de festzulegen, habe ich über das Keyword-Tool von Google verschiedene Suchkombinationen eingegeben. Das Wort Krankenversicherung war mir sehr wichtig und so habe ich diesen Begriff eingegeben. Das Tool zeigte mir Ideen verschiedener Suchvariationen an. Parallel dazu recherchierte ich über Sedo.de, Strato.de sowie Denic.de, ob bestimmte Keyworddomains noch frei sind, wobei die Schlüsselwörter mehr als 10.000 monatliche Suchanfragen ergeben. Fast alle Domains im Bereich der Krankenversicherung waren vergriffen. Daraufhin nahm ich die Verhandlung mit einem Domainhändler über Sedo. de auf und konnte die Domain guenstige-krankenversicherung.de erwerben. Die Domain war schon etwas älter und dies war noch ein Grund mehr zu kaufen. Auf das Domainalter komme ich später noch einmal zurück.

Warum de-Domain?

de-Domains werden in der Regel in Deutschland besser gerankt als Domains mit anderen Endungen. Ausnahmen bestätigen die Regeln. Natürlich gibt es auch Beispiele, bei denen Domains mit anderen Endungen besser ranken als die de-Domain. Bei der Auswahl des Domainnamens ist zu berücksichtigen, dass man keine Markenrechte verletzt.

Schlüsselwörter finden und auf der Webseite platzieren

Da man zukünftig nicht nur unter einem Schlüsselwort gefunden werden möchte, ist es enorm wichtig, von Anfang an mehrere Unterseiten festzulegen, bei denen auch für die Google-Suche Keywords bzw. URLs bestimmt werden. Wenn die Startseite zu einem späteren Zeitpunkt über eine starke Backlinkstruktur verfügt, besteht eine gute Chance, dass Ihre Webseite unter weiteren Keywords mit bestimmten Unterseiten in den Suchergebnissen von Google zu finden ist. Je mehr Unterseiten Sie anlegen, umso mehr Rankings können erzielt werden. Unterseiten benötigen eine gute Backlinkstruktur, um eine Sichtbarkeit in den Suchmaschinenergebnissen zu erlangen. Die Startseite wird in der Regel häufiger verlinkt als die Unterseiten. Sogenannte *Deep Links* verweisen auf bestimmte Unterseiten der Webseite. Startseitenlinks nennt man *Surface Links*.

TIPP

Deutschlands größter Versandhandel im Bereich Sportnahrung verfügt über 12.500 Unterseiten im Index von Google und mehr als 2.500 Rankings in den Google-Top-100. Das heißt, der Onlineshop von Sportnahrung Engel ist mit mehr als 2.000 unterschiedlichen Suchbegriffen bzw. Suchbegriffkombinationen bei der bekanntesten Suchmaschine der Welt zu finden. Dies kommt durch eine gute Suchmaschinenoptimierung der Indexseite sowie eine optimale interne Verlinkung. Dazu kommt noch, dass dieser Onlineshop über eine starke Backlinkstruktur verfügt. Solche Ergebnisse erzielt man nicht von heute auf morgen, sondern mit kontinuierlichem Linkaufbau. Daher empfiehlt sich ein langsamer und regelmäßiger Linkaufbau.

Qualität zählt

Eine ganz große Rolle beim Aufbau von Unterseiten spielt die Qualität der Texte. Wenn der User eine längere Zeit auf Ihrer Seite bleiben oder noch besser ein Stammleser werden soll, müssen Sie ihm einen Mehrwert bieten. Hochwertige Inhalte, interessante Seitenfunktionen und ein angenehmes Erscheinungsbild sorgen für immer wiederkehrende Besucher. Aus den begeisterten Besuchern können durchaus neue Kunden werden.

Der Titel der Unterseite bzw. die URL kann durch eine gezielte Auswahl der Schlüsselwörter mithilfe des Keyword-Tools von Google erfolgreich festgelegt werden. Wenn Sie z.B. einen Friseursalon eröffnen möchten, geben Sie im Keyword-Tool von Google den Begriff Friseur ein. Im Ergebnis des Tools erscheinen diverse Suchbegriffkombinationen, die für Ihre Webseite von großem Nutzen sein können.

Sie könnten hier z.B. die Kombination „Friseur München Schwabing" als neue Unterseite anlegen. Wenn Sie beispielsweise für Ihr Friseurgeschäft den Webseitennamen *www.friseur-obermeier.de* ausgewählt haben, wäre der optimale Name der Unterseite für die Suchkombination „Friseur München Schwabing" *www.friseur-obermeier.de/muenchen-schwabing*. In dieser neuen URL kommen alle drei Suchbegriffe vor, die für die Auffindbarkeit Ihres Geschäfts in München Schwabing wichtig sind. Allein diese Suchbegriffkombination wird ca. 880-mal pro Monat gesucht. Begriffe wie „Haarstudio München" oder „Friseursalon München" sind ebenfalls interessant für die Optimierung einer solchen Webseite. Auch von Ihnen angebotene Leistungen sind durch das Anlegen einer neuen Unterseite später besser bei Google auffindbar. „Haarverlängerung", „Kurzhaarschnitt", „Brautfrisuren", „Typberatung" sind Begriffe, die Sie in Verbindung mit dem Schlüsselwort „München" anlegen sollten, um darunter zukünftig gefunden zu werden.

Die optimalen Schlüsselwörter für die Hauptseite des Friseursalons in München lauten: „Friseur München" oder „Friseursalon München". Allein die Kombination „Friseur München" wird fast 50.000-mal pro Monat über Google gesucht. Nicht zu vergessen sind andere Suchmaschinen wie Yahoo oder Bing. Der optimale Webseitenname ist *www.friseur-muenchen.de*. Für den Wiedererkennungswert des Firmennamens ist ein gewisses Branding besser geeignet als eine Schlüsselwortdomain. Bei jedem Domainnamen ist es möglich, Unterseiten mit bestimmten Keywords anzulegen. Auf regionaler Ebene bestehen häufig gute Chancen für Webseiten, die nicht über Schlüsselwörter im Domainnamen verfügen, in die Top Ten von Google zu gelangen, wenn die Suchmaschinenoptimierung optimal durchgeführt wird.

Wenn das Budget hoch genug ausfällt, ist es sogar möglich, mit stark umkämpften Suchbegriffen ein gutes Ranking zu erzielen.

Keywords in den Meta-Tags, ja oder nein?

Von offizieller Seite aus wurde bestätigt, dass die Schlüsselwörter in den Meta-Tags nicht mehr wichtig sind. Beschreibung und Titel der Webseite reichen aus. Wenn die Keywords fehlen, bewertet Google die Seite nicht schlechter. Der Einbau der Schlüsselwörter in den Meta-Tags schadet aber auch nicht.

Viele der bekanntesten Internetseiten wie Amazon oder Immobilienscout verfügen über Meta-Tag-Keywords. Keywords sorgen für eine verbesserte Benutzerfreundlichkeit. Schlüsselwörter lassen sich relativ einfach aus den Meta-Tag-Angaben auslesen und auf der Webseite anzeigen. Somit besteht für den Leser die Möglichkeit, einzelne Themengebiete über die ausgegebenen Keywords anzuklicken. Dadurch findet er sich besser zurecht. Für die interne Verlinkung können die Schlüsselwörter auch genutzt werden. Eine sogenannte *Tag-Cloud* bietet Unterstützung für die interne Verlinkung einer Internetseite, wobei die Keywords wieder eine wichtige Rolle spielen. Die Tag-Cloud kann bei Systemen wie WordPress kostenlos installiert und eingesetzt werden. Auf diese Möglichkeit komme ich später im Buch noch mal zu sprechen.

Die richtige Seitenbeschreibung und den passenden Titel für die Webseite mit ein paar Klicks

Die Meta-Tags Title und Description sind zwei wichtige Parameter für Ihre Webseite. In puncto SEO wirken diese sich auf das Ranking einer Webseite unter bestimmten Keywords aus. Im Titel der Hauptseite macht es Sinn, den Firmennamen und eine Suchbegriffkombination, unter der man hauptsächlich bei Google aufgefunden werden möchte, einzutragen. Den Titel bekommt der Suchende bei Google in den Suchergebnissen angezeigt. Ebenfalls sieht er die Description der Seite unter dem Titel und dem Domainnamen. Im Description-Tag definiert man in ein bis zwei Sätzen seine Tätigkeit. Diese Auswahl wird durch das Keyword-Tool von Google vereinfacht. Teilweise sollte man Title- und Description-Tag nach dem monatlichen Suchvolumen bei Google bestimmen. Der Firmen- bzw. Domainname gehört auf jeden Fall aufgrund des Brandings in diese Tags hinein. Der Wiedererkennungswert zählt auf regionaler Ebene sowie national oder international. Wenn Sie bei Google dauerhaft mit Begriffen gut ranken, die häufig gesucht werden, wird sich Ihr Name in den Köpfen der Leser einprägen. Mit dem Firmennamen in den Suchergebnissen werden Sie dann schneller einen Bekanntheitsgrad aufbauen.

Titel und Beschreibung der Webseite sollten nicht nur mit dem Keyword-Tool bestimmt werden, sondern auch gleichzeitig Interesse beim Leser wecken.

Beispiele aus der Praxis

Umzugsfirma Becker aus Berlin

⇨ **Titel:** Umzug-Becker.de: Umzüge Berlin

⇨ **Beschreibung:** Günstig innerhalb von Berlin umziehen? Becker Transporte macht dies preiswert möglich.

Immobilienfirma Heinz aus Hamburg

⇨ **Titel:** Immobilien-Heinz.de: Immobilienmakler Hamburg

⇨ **Beschreibung:** Immobilien provisionsfrei über Immobilienmakler Heinz in Hamburg und Umgebung vermieten und verkaufen lassen.

TIPP

Durch große Internetportale findet man eine Orientierungshilfe, wie man Unterseiten mit Titel, Beschreibung und Texten ausstattet. Immobilienscout, das bekannteste Immobilienportal, rankt mit diversen Unterseiten bei Google auf den ersten Rängen.

Wenn Sie die Suchkombination „Immobilien München" googeln, finden Sie Immobilienscout.de ganz vorn. Die URL lautet wie folgt:

http://www.immobilienscout24.de/immobiliensuche/bayern/muenchen.htm

Begriffe wie „München" und „Immobilien" kommen darin vor. Im Meta-Tag Title finden Sie ebenfalls die Begriffe „Immobilien" und „München". Die großen Portale agieren ähnlich wie der Einzelunternehmer hinsichtlich der Festlegung von Meta-Tags.

TIPP

Bei der Erstellung von Nachrichten auf der eigenen Webseite sorgen spannende Schlagzeilen in Titel und Beschreibung für mehr Leserpotenzial. Das heißt, jede Unterseite, die Sie auf Ihrer Webseite neu anlegen, wird mit individuellem Titel und individueller Beschreibung ausgestattet. Doppelte Titel oder Beschreibungen vermeidet man besser. Somit stehen die Chancen auf gutes Ranking hoch, wenn weitere Faktoren berücksichtigt werden.

Interne Verlinkung inklusive Tag-Cloud

Interne Verlinkung wirkt sich auf das zukünftige Ranking der Webseite aus. Bevor die neu erstellte Internetseite zum ersten Mal online gestellt wird, sollte die interne Verlinkung schon fertiggestellt sein. Google kann durch gute interne Verlinkung die einzelnen Unterseiten besser und schneller indexieren. Das heißt, jede indexierte Seite wird bei Google gelistet. Somit ist die Chance viel höher, dass die Unterseiten schon relativ schnell unter bestimmten Suchbegriffen zu finden sind.

Wie sieht eine interne Verlinkung aus?

Ihre Hauptseite heißt z.B. *Hundeverein-Hamburg.de*. Sie legen eine Unterseite mit der URL *Hundeverein-Hamburg.de/welpen* an. Dort schreiben Sie beispielsweise einen Text über die verschiedenen Hunderassen. Aus dem Text heraus verlinken Sie einen bestimmten Begriff, der auf eine Ihrer Unterseiten mit gleichlautender URL verlinkt.

Beispiel

Der interne Link führt aus dem Wort „Schäferhund" von der Unterseite *Hundeverein-Hamburg.de/welpen* zu der weiteren Unterseite *Hundeverein-Hamburg.de/schaeferhund*. Das Wort wird aus dem bestehenden Text heraus verlinkt. In einem Text von 300 Wörtern können Sie mehrere relevante Begriffe in gleicher Art und Weise zu verschiedenen Unterseiten verlinken.

Einsatz einer Tag-Cloud

Abb. 1.2: Beispiel für eine Tag-Cloud
(Quelle: Universitaeten-Deutschland.de)

Zusätzlich zur internen Verlinkung bietet eine Tag-Cloud (Schlagwortwolke) eine gute Möglichkeit, die Webseite intern zu verlinken. Zum einen bietet die Tag-Cloud eine hohe Benutzerfreundlichkeit und zum anderen kann Google die Seite besser durchforsten. Die Schlagwortwolke bietet verschiedene Variationen der Visualisierung an. Wichtigere Begriffe werden groß dargestellt und weniger wichtige Wörter klein. Farblich sind Tag-Clouds häufig hervorgehoben, sodass der User sich besser zurechtfindet. Die Roboter von Google, sogenannte *Googlebots*, können durch interne Verlinkung einfacher auf eine Seite zugreifen und die Inhalte aufnehmen.

Sitemap als Übersicht im HTML-Format

Um die interne Verlinkung zu perfektionieren, fehlt noch eine Gesamtübersicht aller Unterseiten. Für die Suchmaschinen ist es einfacher, eine Internetseite zu lesen und zu indexieren, wenn jede Unterseite über zwei Klicks zu erreichen ist. Über eine HTML-Übersicht bzw. Sitemap ist dies möglich. Zusätzlich zu dieser Übersicht sollte man eine Sitemap im XML-Format zur Verfügung stellen und diese bei Google einreichen. Somit stellt man sicher, dass der User und die Suchmaschine sich zurechtfinden. In puncto Benutzerfreundlichkeit wird der Kunde Ihnen dankbar sein, wenn er in der Übersicht rumstöbern darf und interessante Informationen vorfindet. Die HTML-Sitemap bringt nur dann einen großen Nutzen, wenn sie nach Themen strukturiert wird.

Der Ladezeit der Webseite auf die Sprünge helfen

Die Ladezeit einer Internetseite fließt in die Bewertung einer Webseite durch Google mit ein und stellt einen Rankingfaktor dar. Google stellt ein kostenloses Tool zur Messung der Ladezeit zur Verfügung. Unter *https://developers.google.com/pagespeed/* können Sie die Ladegeschwindigkeit messen. Die Startseite von Google verfügt über eine Ladezeit von 99. Die volle Punktzahl liegt bei 100. Google zeigt über das Tool bis ins kleinste Detail, welche Dinge an der Webseite verbessert werden können, um eine bessere Ladezeit zu erreichen. Die Seite Amazon.de hat eine Pagespeed von über 90 – ein hervorragendes Ergebnis mit einem solch großen Content. Auch wenn die Ladezeit nur einen geringen Teil im Gesamtranking bei Google ausmacht, sollte man alle Register ziehen und die Ladezeit verbessern. Der Leser freut sich auch, wenn die Startseite schnell aufgebaut wird. Bei langen Ladezeiten verlässt er die Seite vielleicht wieder sofort.

Zum Erreichen einer besseren Pagespeed bieten sich folgende Techniken an:

⇨ JavaScripts komprimieren

⇨ Bilder komprimieren

⇨ CSS minimieren

⇨ HTML-Code sowie externe Codedateien reduzieren

⇨ Apache-Modul auf dem Server richtig einstellen

⇨ KeepAlive aktivieren

Dazu braucht man einen Techniker bzw. Informatiker und einen guten Hosting-Service. Manche Webhosting-Services bieten z.B. keine KeepAlive-Aktivierung an. Vor der Auswahl eines Hosting-Pakets ist es ratsam, einen Techniker zu konsultieren.

Den Besucher der Webseite zum Kunden machen

Eine sogenannte *Landingpage* sorgt dafür, dass der Internetnutzer Ihr neuer Kunde wird. Was genau ist eine Landingpage? Landingpage bedeutet im wahrsten Sinne des Wortes Landeseite. Der Leser landet direkt hier, nachdem er in den Suchmaschinenergebnissen bei Google auf den Link zu Ihrer Seite geklickt hat. Die Landingpage wird auf eine bestimmte Zielgruppe abgestimmt, suchmaschinenoptimiert und gestaltet.

Gezielte Kampagnen mit ausgewählten Produkten oder Dienstleistungen werden häufig über Landingpages bei Google AdWords gestartet. Die Suchergebnisse von Google AdWords sind bezahlte, nicht organische Suchergebnisse. Diese finden Sie oberhalb der organischen Suchergebnisse und auf der rechten Seite. Suchmaschinenoptimierung behandelt die organischen Suchergebnisse.

Die Landingpage kann aber auch über die Hauptseite der Internetpräsenz durch einen Klick auf ein interessantes Werbebanner zu erreichen sein. Auch die Hauptseite einer Webseite kann eine Landingpage sein. Dies ist aber nicht immer von Vorteil. Der Besucher könnte sich von einem großen Kontaktformular erschlagen fühlen. Nach ein paar Sekunden entscheidet sich der Leser, ob er Ihr Kunde wird oder nicht.

Das Hauptziel, das man mit einer solchen Landeseite erreichen möchte, ist, das Interesse des Lesers zu wecken und ihn dazu zu bringen, eine Anfrage zu stellen. Danach ist es fast geschafft und schon ist der Leser Ihr neuer Kunde. Letztendlich müssen Sie oder ein Marketingberater einschätzen, ob es Sinn macht, die Startseite einer Webpräsenz als Landingpage einzusetzen.

TIPP

Häufig weckt man mehr Vertrauen, wenn man auf der Startseite über eine Bannerwerbung auf die Landingpage weiterleitet. Ein Foto vom Berater mit kostenloser Rückrufoption für den Kunden ist eine weitere Alternative zur Landingpage auf der Startseite. Das Bild kann z.B. relativ klein in der Sidebar der Webseite dargestellt werden.

Ein ersichtlicher Hinweis auf ein unverbindliches Angebot sollte bei der Erstellung einer Landingpage nicht fehlen. Dadurch erkennt der Leser, dass er für die Eintragung seiner Daten zu nichts verpflichtet wird.

Beispiele aus der Praxis

Abb. 1.3: Beispiel für eine Landingpage (Quelle: Comdirect.de)

Die Bank in diesem Beispiel bewirbt ihr „kostenloses" Girokonto und legt sogar noch 50 Euro drauf. Der Kunde hat zwei Gründe, ein Konto zu eröffnen. Als Unternehmer könnte man einen Gutschein für einen ersten Auftrag anbieten und eine unverbindliche Beratung.

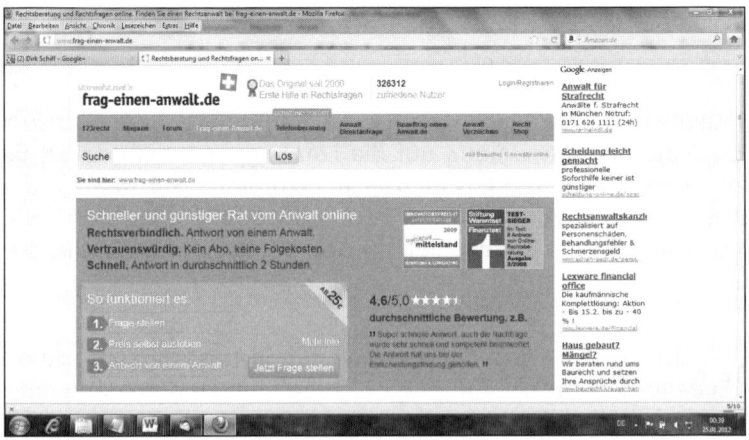

Abb. 1.4: Ein weiteres Beispiel für eine Landingpage (Quelle: Frag-einen-Anwalt.de)

Wenn Sie den Begriff „Rechtsberatung" googeln, finden Sie die Seite *http://www.frag-einen-anwalt.de/*. Dort ist ein direktes Formular in die Startseite integriert, die eine sehr gute Landingpage darstellt und beim Kunden mit den verschiedenen Logos Vertrauen erweckt.

Auf dem direkten Weg mit der neuen Webseite im Google-Index landen

Wie kommt die neue Webseite in den Google-Index?

Eine neue Domain kann relativ schnell in den Google-Index katapultiert werden. Durch das Setzen eines starken Backlinks kann die Webseite schon innerhalb von 24 bis 48 Stunden bei Google indexiert sein. Auch sogenannte Ping-Services können die Indexierung beschleunigen. Über eine Webseite mit dem Namen Ping.fm lassen sich mehrere Accounts bei sozialen Netzwerken gleichzeitig handeln. Man postet einen Link seiner Webseite und dieser wird über Ping.fm über diverse soziale Netzwerke publiziert.

Weitere Möglichkeiten der schnellen Indexierung

Sinnvoll ist es, eine themenrelevante Webseite im Internet ausfindig zu machen, die bereits einen hohen Bekanntheitsgrad verzeichnet und aktuelle Inhalte nachweist. Wenn man es schafft, den Webmaster zu überzeugen, einen Link von seiner neuen Internetpräsenz zu setzen, erfolgt die Indexierung bei Google auch viel schneller als normal. Vielleicht bietet Ihre Webseite einen Mehrwert für den Betreiber einer bekannten Webseite. Wenn Sie hochwertige Informationen zu der Branche, in der Sie tätig sind, anbieten können, ist es überhaupt nicht unwahrscheinlich, dass Sie einen Link ergattern. Je schneller die eigene Webseite bei Google im Index erscheint, umso eher kennt Google Ihre Seite und besucht sie. Dies ist für alle Prozesse der Suchmaschinenoptimierung entscheidend.

Nicht nur die Indexierung und ein starker Link haben Einfluss auf die Suchmaschinenoptimierung, sondern auch die zukünftige Arbeit des Linkaufbaus. Durch die Kommunikation, die Sie aufwenden, um den ersten starken Link zu erhalten, erlernen Sie, wie ein Linkaufbau vonstattengeht.

Bei Google, Bing oder Yahoo kann man sich auch manuell anmelden. Doch wer dabei auf eine schnelle Indexierung wartet, kann manchmal mit mehreren Wochen rechnen.

TIPP

Hier der Anmeldelink für die wichtigste Suchmaschine – Google:

https://www.google.com/webmasters/tools/submit-url

Zusätzlich schreiben Sie fünf hochwertige Artikel und stellen diese in kostenlose Presseportale wie z.B. *http://www.online-artikel.de*, *http://pagewizz.com/* oder *http://www.openpr.de* ein. Die Artikel müssen unbedingt einzigartig sein, um den Richtlinien von Google zu entsprechen.

Den Weg über die Anmeldung bei Google selbst kann man sich ersparen. In vielen Fällen reicht die Einreichung einer XML-Sitemap schon zur Indexierung der Seite aus. Melden Sie sich unmittelbar nach Onlinestellung der Webseite bei Google+ an und setzen Sie einen Link zu Ihrer Webseite unter der Rubrik *Über mich*.

Den User auf der Webseite halten

Um den Leser dazu zu bewegen, beim ersten Besuch längere Zeit auf Ihrer Internetseite zu bleiben, müssen Sie interessante Inhalte anbieten und vor allem einen Mehrwert schaffen, mit dem Ziel, eine hohe Benutzerfreundlichkeit zu erlangen.

Einige Merkmale der Benutzerfreundlichkeit ergeben sich erst nach einer bestimmten Zeit.

TIPP

Damit man die Internetseite jederzeit erweitern kann, ist es sinnvoll, sich von Beginn an für ein erweiterbares System zu entscheiden. Das heißt, wenn Sie z.B. einen Kleinanzeigenmarkt als Geschäftsidee für sich entdecken, ergibt es wenig Sinn, dass Sie sich ein fertiges Skript für wenig Geld kaufen, das bei der nächsten Erweiterung scheitern kann. Fertige Skripte sind häufig von ihrer Kapazität her schnell ausgeschöpft, wobei Systeme wie Symfony 2 Framework, die auf der Programmiersprache PHP basieren, zwar preislich höher liegen, aber letzten Endes breit gefächerte Möglichkeiten der Weiterentwicklung bieten. Bevor man sich für eine Internetseite entscheidet, ist eine Beratung durch einen IT-Spezialisten notwendig, um alle individuellen Ziele vorab zu besprechen und die genauen Details zu planen. Die Umsetzung dauert dann etwas länger als bei einem fertigen Skript, aber ist eher von Erfolg gekrönt.

Die Seite von Beginn an attraktiv gestalten

Bieten Sie einige Features an wie z.B.:

⇨ Newsletter

⇨ RSS-Feed

⇨ Blog

⇨ Aktuelle Nachrichten

⇨ Ratgeber zum Thema

⇨ Fragen und Antworten

⇨ Gute Menüführung

⇨ Übersicht aller Seiten nach Themen sortiert

⇨ Rückrufservice

⇨ Onlineberatung

⇨ Forum

Einzigartige, frische und gute Inhalte

Google legt immer mehr Wert auf einzigartige Inhalte (unique Content). Bei der Erstellung der eigenen Webseite ist zu beachten, dass die Texte nicht von anderen Internetseiten abgeschrieben werden. Selbst wenn Sie die Texte umschreiben und von der rechtlichen Seite aus alles in Ordnung ist, werden die Inhalte lange nicht so gut bewertet, als wenn sie wirklich einzigartig sind.

Die Aktualität der Inhalte sorgt für eine verbesserte Auffindbarkeit bei Google und Co. Matt Cutts, der Leiter des Google-Spam-Teams, kündigte Anfang 2012 auf seinem Blog an, dass durch eine erneute Änderung des Suchmaschinenalgorithmus Merkmale wie Aktualität, Relevanz sowie Qualität der Inhalte bessere Chancen auf ein hohes Ranking haben. Jährlich sollen mehr als 100 Veränderungen am Algorithmus vorgenommen werden. Dies steigert dauerhaft die Qualität der Suchergebnisse bei Google.

Benutzerfreundlichkeit mit Mehrwert

Der Text allein reicht manchen Benutzern schon aus, Ihre Seite regelmäßig zu besuchen. Doch wenn das Design mit dem Rest der Seite gut harmoniert und den Lesern gefällt, stehen die Chancen gut, dass aus dem neugierigen Leser ein Stammbesucher wird oder sogar ein Kunde.

Je nachdem, in welcher Branche man tätig ist, bietet sich die Möglichkeit, bestimmte Features auf seiner Webseite einzubauen, die dem Benutzer einen Mehrwert bieten. Informationen zu Synergiebe-reichen Ihrer Branche können für den Besucher der Webseite nützlich sein.

Beispiele

Sie haben die Idee, eine Jobbörse zu erstellen. Als zusätzlichen Nut-zen für Ihre Kunden bieten Sie einen Gehaltsrechner an, wobei man das Bruttogehalt eingibt und ein Nettogehalt angezeigt bekommt. Automatische Berechnungen werden durchgeführt. Dazu können Sie noch eine Liste mit verschiedenen gesetzlichen Krankenkassen und einem kurzen Leistungsüberblick zur Verfügung stellen. Dies sind Features, die der Besucher der Jobbörse im Rahmen seiner Stellen-suche als informativ erachtet.

Sie bieten einen Kleinanzeigenmarkt in Ihrer Stadt an. Als Features haben Sie einen Gastro-Guide, Nachrichten zur Stadt, einen Event-kalender, das Kinoprogramm sowie eine kleine Städte-Community mit Profilen im Angebot. Damit kann der Leser etwas anfangen und findet Ihre Seite nicht langweilig. Er erzählt seinen Freunden davon und es wird damit werbefreier Traffic für Ihre Seite erzeugt.

Eine gute Menüführung mit perfekter Übersicht als Sitebooster

Menüführung

Im oberen Bereich der Webseite erstellt man in der Regel ein Haupt-menü mit den wichtigsten Hauptkategorien. Die Menüführung ist für Sie und den Kunden von großer Bedeutung. Sie präsentieren darüber das Portfolio des Unternehmens. Zwischen fünf und sieben Hauptka-tegorien sind optimal. Weitere Menüpunkte können als Unterpunkte der Hauptkategorien angelegt werden. Für den Besucher der Websei-te ist es einfacher, über ein bis zwei Klicks an relevante Informationen zu gelangen. Verschiedene Unterseiten wie z.B. Anfrage, Referenzen, Leistungen oder News sollten über ein bis maximal zwei Klicks zu erreichen sein. Damit ist es für den Kunden wesentlich einfacher, sich ausgiebig über Ihr Angebot zu informieren.

Design

Die Internetseite repräsentiert Ihre Firma sowie Mitarbeiter und Leistungen nach außen. Ein ansprechendes Design mit hohem Wiedererkennungswert und verständlichen passenden Texten gehören zu einer innovativen Webpräsenz. Produkt- oder Dienstleistungsbeschreibungen helfen dem Leser, sich zurechtzufinden. Corporate Design und Identity sorgen für einen bleibenden Eindruck beim Besucher. Durch ein eigenes Firmenlogo setzen Sie Akzente.

Integration sozialer Netzwerke in die Webseite

Mittlerweile gehören die Buttons sozialer Netzwerke zu jeder Internetseite. Sie verhelfen zu einer erleichterten Kontaktaufnahme bei Google, Facebook und Twitter.

Abb. 1.5: Beispiel für die Integration sozialer Netzwerke (Quelle: Krankenversicherung-Wechsel.de)

Hinsichtlich der Suchmaschinenoptimierung wirkt sich der +1-Button von Google+ jetzt schon auf das Ranking verschiedener Personengruppen aus. Wenn ein Besucher Ihre Webseite mit dem +1-Button bewertet, rankt sie in den Suchergebnissen dieses Nutzers höher als gewöhnlich in der organischen Suche von Google. Dieses veränderte Ranking wird nur angezeigt, wenn der User in seinem Google+-Account eingeloggt ist oder seine Cookies nicht gelöscht hat. Langfristig gesehen kann es sein, dass sich die Klicks auf den +1-Button auf die Suchmaschinenergebnisse auswirken und somit einen neuen Rankingfaktor darstellen würden. In den Webmaster-Tools von Google ist dieser Button schon integriert.

Statistiken über die Klicks auf Ihre Webseite sind ebenfalls dort zu finden. Deshalb ist die Anmeldung bei den Google Webmaster-Tools von Anfang an wichtig. Damit lassen sich diverse Werte einer Internetseite ersehen. Das Ziel der Buttons ist, eine größere Bandbreite an Nutzern zu erreichen. Wenn jemand auf Ihr Profil bei XING, Facebook, Twitter oder Google klickt und Sie als Freund hinzufügt, geraten Sie nicht in Vergessenheit. Er liest Ihre Nachrichten und wird vielleicht zu einem späteren Zeitpunkt ein neuer Kunde.

Zusätzliches Menü im unteren Bereich der Webseite

Im unteren Bereich einer Webseite werden häufig weitere Menüpunkte eingesetzt, die für den Leser einen Mehrwert darstellen. Die Chance, den Leser nach dem Durchstöbern der Hauptseite länger auf Ihrer Seite zu halten, ist durch das Untermenü gegeben, wenn Sie unten noch mal verschiedene Links zu interessanten Themen anbieten.

Abb. 1.6: Beispiel für ein Untermenü (Quelle: Zalando.de)

Eigene Suche auf der Webseite

Wenn Sie z.B. über einen Onlineshop oder eine Seite mit vielen Inhalten verfügen, ist es sinnvoll, den Kunden eine Suche ganz oben
auf der Webseite anzubieten. Wenn der Kunde nach einem bestimmten Artikel sucht, wird er auch fündig.

Ein Blog ist Gold wert und sorgt für Neukunden – Blogerstellung in wenigen Schritten

Ein Blog wird zu verschiedenen Zwecken genutzt. Durch das eigene
Internetblog lässt sich schneller ein Bekanntheitsgrad aufbauen. Ein
Blog ist nicht nur eine Plattform. Diese Art von Webseiten bietet für
Leser und Autor viele Möglichkeiten. In puncto SEO gehört das Blog
zu einer erfolgreichen Webseite einfach dazu. Sie stellen darüber
wertvolle Inhalte zur Verfügung. Ein breites Publikum lässt sich über
das Blog erreichen. Die Vernetzung mit Facebook, Twitter, Google+
und weiteren sozialen Netzwerken bringt den frisch publizierten Artikel über verschiedene Kanäle zum Leser. Ein Blog wird lebhaft durch
Umfragen, Kommentare, Diskussionen oder Videos. Da Google neue
Inhalte liebt, stellt Ihr Blog für die Suchmaschinenoptimierung eine
Bereicherung dar. Dazu kommt noch der Marketingeffekt. Wer gut
schreiben kann, der erreicht seine Leserschaft und erzielt vielleicht
sogar neue Kunden.

Blog als Alternative zu einer normalen Webseite

Das Internetblogsystem WordPress bietet zwei verschiedene Möglichkeiten einer kostenlosen Erstellung einer Internetseite an.

Wunschdomain

Sie laden das System direkt auf Ihren Server und erstellen ein Blog
mit einem eigenen Webseitennamen. Hier suchen Sie sich über ei-

---

nen Hosting-Anbieter wie Strato, Evanzo, Host Europe, Allinkl und Co. einen Domainnamen aus. Wenn man selbst nicht in der Lage ist, das Blog zu installieren, besteht die Möglichkeit, über eBay oder andere Plattformen einen Installationsservice für eine einmalige Gebühr von ca. 20 bis 50 Euro zu beauftragen. Freelancer oder Internetagenturen bieten ebenfalls solche Services an. Wenn das Blog erst einmal installiert ist, haben Sie die Möglichkeit, über einen Administrationsbereich jegliche Einstellungen selbst durchzuführen. Texte, Bilder, Videos, Formatierungen, Funktionen, Integration von sozialen Netzwerken, automatisierte Einstellungen oder Suchmaschinenoptimierung lassen sich über den Administrationsbereich einfach bedienen. Wer sich die Erstellung einer Unternehmenswebseite nicht sofort leisten kann, sollte mit WordPress ins Internetgeschehen einsteigen. Die meisten Kenntnisse für dieses Blogsystem sind für jedermann erlernbar. Auf *http://de.wordpress.org/* wird der kostenlose Download des Blogsystems zur Verfügung gestellt.

WordPress-Domain

Die zweite Variante bietet die kostenfrei Onlineversion von WordPress an. Unter *http://de.wordpress.com/* kann man sich registrieren. Der Domainname lautet z.B. *Onlineshop.wordpress.com*. Dort können aber auch kostenpflichtige Domainnamen mit den Endungen *com*, *net*, *org* oder *me* erworben werden. Der Preis liegt bei 17 Dollar pro Jahr, außer bei der Endung *me*, bei der der Preis 24 Dollar für ein Jahr beträgt. Für eine Domain, mit der man beabsichtigt, in Deutschland gefunden zu werden, empfiehlt sich die *de*-Endung. Beliebt sind auch die Endungen *com* und *net*. Wer erst einmal ein Blog zum Austesten erstellen möchte, für den eignet sich die Gratisvariante von WordPress.

SEO für WordPress

Für WordPress gibt es verschiedene Plugins, über die eine Suchmaschinenoptimierung innerhalb der Webseite kostenlos durchgeführt werden kann. Die Plugins können über den Administrationsbereich gesucht und hochgeladen werden.

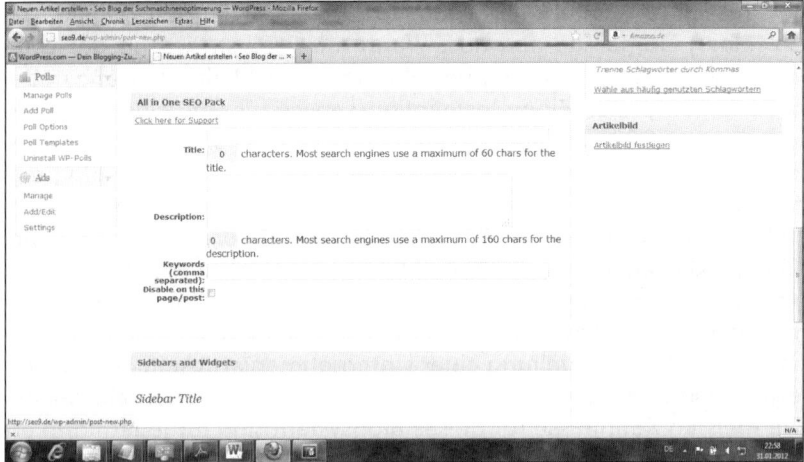

Abb. 1.7: Eingabemöglichkeit von Meta-Tags für das WordPress-Blog (Quelle: Seo9.de)

Bei jeder Seite, die neu angelegt wird, können Titel, Beschreibung und Schlüsselwörter individuell eingegeben werden.

Erste wichtige Anmeldungen, damit Sie auch schnell gefunden werden bei Google und Co.

Wenn Sie Ihre Webseite online gestellt haben, können Sie direkt mit Eintragungen in verschiedene Verzeichnisse beginnen. Für die regionalen Suchmaschinenergebnisse bieten Branchenbücher, Webkataloge sowie verschiedene Verzeichnisse gute Möglichkeiten eines kostenlosen Linkaufbaus.

TIPP

Achten Sie darauf, dass Sie nur kostenlose Einträge vornehmen. Es gibt zwar ein paar Verzeichnisse, bei denen sich ein kostenpflichtiger Eintrag durchaus lohnen kann, aber dafür ist später immer noch Zeit. Ein Eintrag ohne Backlink- und Zahlungspflicht macht Sinn. Gemäß den Richtlinien von Google ist ein Kauf oder Verkauf von Links nicht erwünscht und kann zu einer schlechten Bewertung führen. Die Qualität der Links wirkt sich auf das spätere Ranking und die Bewertung der Internetseite durch Google aus.

TIPP

Auf die Anzahl der täglichen Eintragungen ist zu achten. Verwenden Sie für jeden Eintrag eine individuelle Beschreibung und den Titel der Webseite. Bei doppelten Beschreibungen werden die Einträge bzw. die Links zu Ihrer Seite nicht mehr so gut bewertet. Einzigartigkeit spielt im neuen SEO-Zeitalter eine große Rolle. Empfehlenswert ist eine Menge von ein bis fünf Links pro Tag.

TIPP

Ein Patentrezept zur Linkanzahl gibt es nicht. Dabei ist auf ein kontinuierliches Wachstum zu achten. Auch zu starke Links in einer großen Menge führen zur Abstrafung. Dies kann auch zu einer Entfernung der Seite aus dem Google-Index führen.

Links müssen nicht immer mit dem Dofollow-Attribut gesetzt werden, da eine gute Mischung aus Dofollow- und Nofollow-Links den natürlichen Linkaufbau positiv beeinflusst. Auch schwache themenrelevante Links gehören zu einem gesunden Linkaufbau.

Beispiele für Webkataloge, RSS-Verzeichnisse und Branchenbücher

Branchenbücher:

⇨ Klicktel.de

⇨ Branchenbuch.meinestadt.de

⇨ Web2.cylex.de

⇨ Stadtbranchenbuch.com

RSS-Verzeichnisse:

⇨ RSS-Verzeichnis.de

⇨ RSS-World.de

⇨ RSS-Verzeichnis.biz

⇨ RSS-Point.de

Webkataloge:

⇨ Deutscher-index.info

⇨ Beammachine.net

⇨ Retort.de

⇨ Suche4all.de

TIPP

Um immer wieder geeignete Links aus Katalogen zu erhalten, recherchieren Sie über Google.de; geeignete Begriffe und -kombinationen sind beispielsweise „kostenloser Webkatalog", „Webkatalog ohne Backlinkpflicht", „Branchenbuch", „Branchenverzeichnis", „Artikelverzeichnis", „Bookmark", „RSS Katalog", „Webkatalog Liste" etc.

Branchenspezifische Kataloge werden ebenfalls angeboten. Es gibt z.B. spezielle Handwerkerwebkataloge. Themenrelevante Seiten sind die wichtigsten. Tragen Sie sich immer in die richtige Rubrik ein, auch bei allgemeinen Katalogen!

2 Nur mit Backlinks werden Sie gefunden

Anmeldung beim Verzeichnis DMOZ

DMOZ ist das wichtigste Verzeichnis im Internet. Bei DMOZ sitzen Menschen, die den Eintrag kontrollieren. Die Eintragung ist zu 100 Prozent kostenfrei und erfordert keinen Backlink. Bevor man mit der eigentlichen Eintragung beginnt, ist es wichtig, dass die Webseite fertiggestellt ist. Befindet sich die Webseite noch im Aufbau, sollte man den Schritt, sich dort einzutragen, gar nicht erst wagen. Lesen Sie sich erst einmal die Richtlinien von DMOZ durch.

Richtige Kategorie auswählen

Die Kategorisierung ist enorm wichtig. Über die Suche kann man die geeignete Kategorie am besten finden. Wenn Sie z.B. ein Friseur in Buxtehude sind, geben Sie im Suchfeld auf DMOZ.org die Suchbegriffkombination „Friseur Buxtehude" ein. Dies führt zu dem in der Abbildung gezeigten Ergebnis.

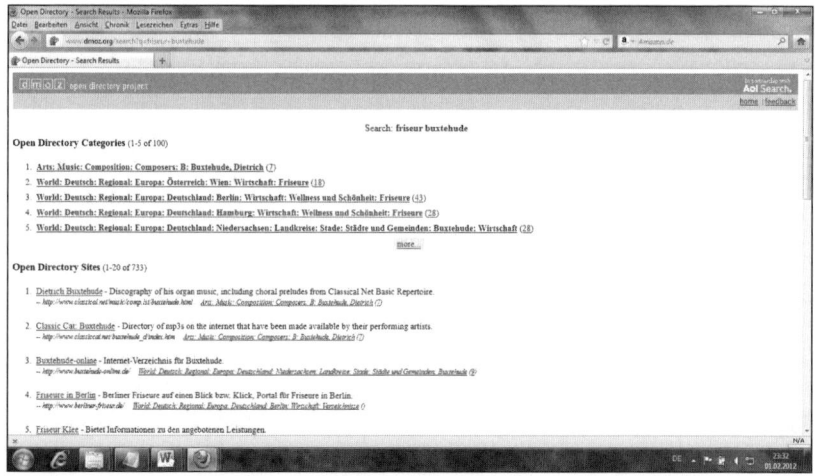

Abb. 2.1: Das Ergebnis der Beispielsuche (Quelle: DMOZ.org)

Sie wählen die vierte Kategorie aus. Dann erscheinen einige Ihrer Konkurrenten in einer Liste. Daran erkennt man ganz schnell, dass man die richtige Kategorie für sich gefunden hat.

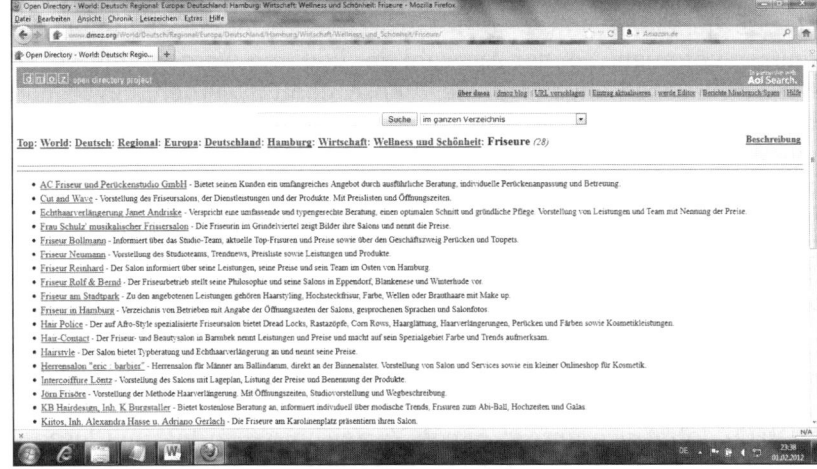

Abb. 2.2: Die Ergebnisse in der gewählten Kategorie (Quelle: DMOZ.org)

Wie geht es weiter?

Sie klicken auf *URL vorschlagen* und starten mit dem eigentlichen Anmeldeprozess. STOPP: So einfach ist es auch mal wieder nicht!

TIPP

Lesen Sie sich alle Informationen auf dieser Seite gründlich durch. Wenn Sie die Richtlinien noch nicht gelesen haben, tun Sie es jetzt. Schauen Sie sich die Einträge der Konkurrenz an, um ein Gefühl für die erlaubte Schreibweise zu bekommen. Machen Sie sich ein paar Notizen und legen Sie dann los. Die Mühe lohnt sich, denn DMOZ vererbt Trust auf Ihre Webseite. Wenn zwei Seiten gleich gut optimiert sind und eine der beiden Seiten über einen Eintrag bei DMOZ verfügt, die andere aber nicht, kann es sehr gut sein, dass die Seite mit dem Eintrag bei DMOZ besser rankt.

Verzeichnis von Menschen für Menschen

„Menschen machen's besser" lautet der Slogan von DMOZ und so ist es auch tatsächlich. Die Philosophie ist ähnlich wie bei Wikipedia gestrickt. Die Qualität wird durch menschliche Arbeit auf einem hohen Niveau gehalten. DMOZ sucht nach Editoren, die die Seite ehrenamtlich betreuen. Bei der Auswahl der Editoren werden Referenzen und Erfahrungen abgefragt, die intensiv geprüft werden, bevor man als Editor arbeiten darf. Wenn man sich an die Richtlinien hält und einen qualitativ hochwertigen Eintrag abliefert, stehen die Chancen auf einen Eintrag hoch. Wenn die falsche Kategorie ausgewählt wird, wird der Eintrag vom Editor in eine andere Kategorie verschoben. Die Freischaltung kann dabei schon mal bis zu einem halben Jahr dauern. Nicht jeder Eintrag wird freigeschaltet. Dies hängt von der Qualität, der Einhaltung der Richtlinien und der Kategorisierung ab.

TIPP

DMOZ lohnt sich immer. Einige Verzeichnisse im Internet lesen die Einträge aus dem Open Directory (DMOZ) aus und präsentieren diese dann selbst. Damit ergattert man langfristig nicht nur einen Link durch seine Eintragung bei DMOZ.

Gemeinsam auf der Suche nach starken Backlinks, Anschreiben formulieren und loslegen

Um Backlinks zu generieren, benötigt man nicht unbedingt zu Beginn gleich ein kostenpflichtiges SEO-Tool. Viele kostenlose Möglichkeiten bieten sich an. Mit einer Befehlseingabe bei Google kommen Sie zu Ergebnissen.

Erfahrene Suchmaschinenoptimierer greifen wahrscheinlich selten auf diese Methode zurück. Des Weiteren findet man einige kostenlose Tools im Web, mit denen man für SEO relevante Informationen über eigene oder fremde Webseiten erfahren kann.

Google-Befehle richtig einsetzen

Mit dem Befehl link lassen sich Backlinks einer Domain anzeigen. Es werden nicht alle Backlinks aufgelistet, die auf die Seite verweisen. Diese Links sind hinsichtlich der Suchmaschinenoptimierung nicht ganz unwichtig, sonst würde Google sie nicht anzeigen. Viele dieser angezeigten Links kommen von starken Seiten mit hohem Sichtbarkeitsindex.

related ist ein weiterer Befehl, der beim Linkaufbau hilfreich sein kann. Dieser zeigt Domains an, die der Seite ähnlich sind, die man in Verbindung mit dem Befehl eingibt.

Was bedeutet das für die Suchmaschinenoptimierung in der Praxis?

Zuerst geben Sie den Suchbegriff bzw. die Suchbegriffkombination, worunter Sie bei Google zukünftig gefunden werden möchten, ein. Im Beispiel gehe ich davon aus, dass Sie einen Sportverein in Köln gegründet haben und Ihr primäres Ziel eine Top-Ten-Platzierung mit der Suchbegriffkombination „Sportverein Köln" ist.

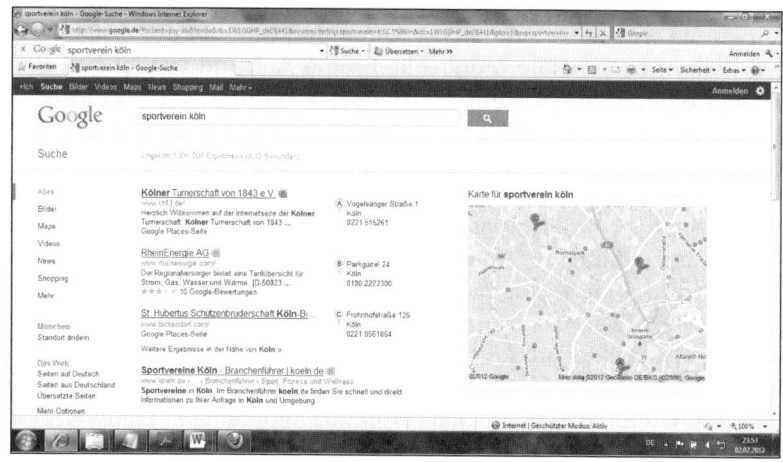

Abb. 2.3: Beispiel für die Suchbegriffkombination „Sportverein Köln"
(Quelle: Google.de)

Jetzt kommt der erste Google-Befehl zum Einsatz. Alle Seiten von Position 1 bis 20 werden Schritt für Schritt analysiert. Wir starten mit dem ersten Suchergebnis.

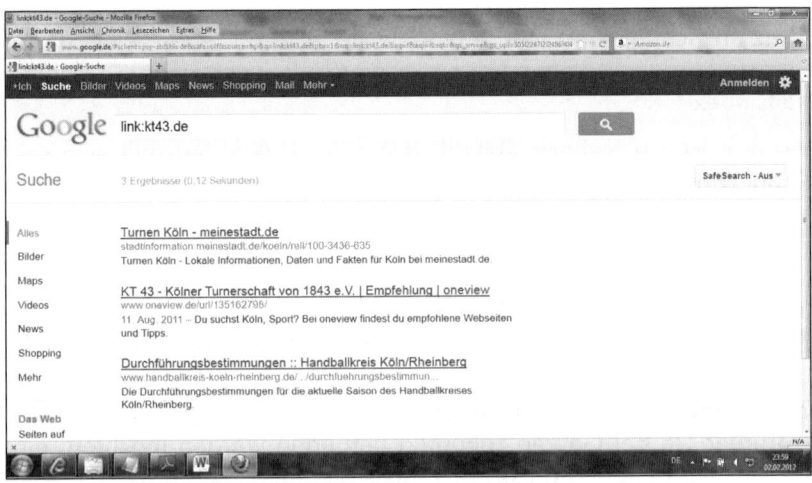

Abb. 2.4: Eingabebeispiel für den Befehl link:kt43.de
(Quelle: Google.de)

Im Ergebnis erscheinen drei Webseiten. Bei den ersten beiden Seiten können Sie sich selbst anmelden. Um einen Link auf der dritten Seite zu erhalten, besteht die Möglichkeit, eine Anfrage zu stellen. Wenn Sie über einen guten Content verfügen, sind manche Webmaster sogar bereit, einen kostenlosen Artikel inklusive Link zu Ihrer Seite zu veröffentlichen. Der Deal lautet: Sie bereichern die Seite des Webmasters mit Experteninhalten und erhalten dafür einen Link. In der Praxis lassen sich allerdings nicht sehr viele Webmaster darauf ein. Deshalb ist es sinnvoll, eine weitere Webseite für einen Linktausch anbieten zu können. Das heißt, parallel zur neuen Domain erstellen Sie ein Blog. Dieses könnte z.B. blog.sportverein-koeln.de heißen. Falls Sie selbst eine Linktauschanfrage erhalten, können Sie dem Suchenden auch einen Gastartikel inklusive Verlinkung von Ihrem Blog anbieten. Dadurch verliert Ihre Hauptdomain keine Linkpower.

Diese Prozedur wiederholen Sie mit den weiteren 19 Suchergebnissen mit der Schlüsselwortkombination „Sportverein Köln". Sie schauen sich jeden Link, den Google auflistet, an und versuchen, auf diesen Seiten ebenfalls einen Link zu erhalten. Sie durchleuchten Ihre Konkurrenten durch diese Methode. Das Gleiche lässt sich mit weiteren Keywordkombinationen durchführen.

„Sportverein Köln" wird ca. 2.900-mal pro Monat bei Google gesucht. Das Keyword-Tool von Google AdWords hilft Ihnen, weitere Schlüsselwörter für die Suchmaschinenoptimierung der Webseite zu finden.

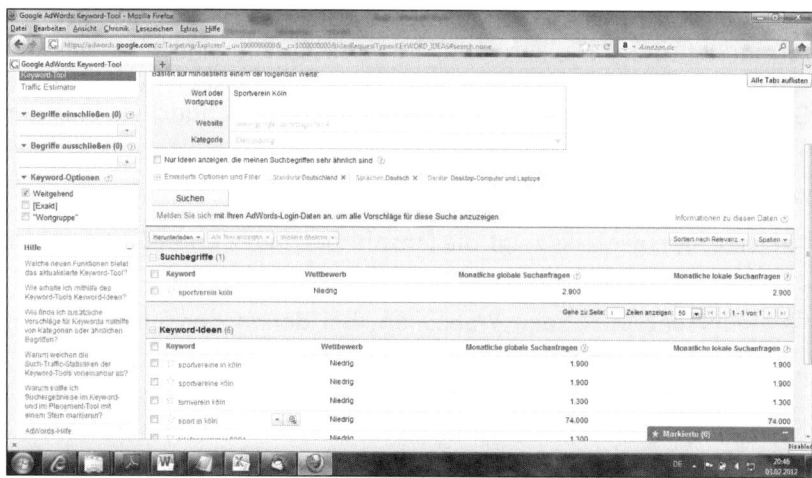

Abb. 2.5: Das Keyword-Tool von Google im Einsatz
(Quelle: Google AdWords)

Wie man aus dem Beispiel entnehmen kann, wird die Kombination „Sport in Köln" 74.000-mal pro Monat gesucht. Diese Keywords geben Sie wieder bei Google ein und prüfen mit dem Befehl link jede einzelne Seite der ersten zwanzig Suchergebnisse. Schon gelangen Sie an weitere themenrelevante Links für Ihre Seite. Wenn man täglich eine halbe Stunde in diese Arbeit investiert, stellt sich der Erfolg früher oder später ein. Die Kontinuität ist ausschlaggebend für das spätere Ranking Ihrer Webseite. Sie sollten sich darüber im Klaren sein, dass nicht jeder Webmaster mit Ihnen kooperiert. Je länger Sie an Ihrer Seite gearbeitet haben und je mehr Backlinks generiert wurden, umso interessanter wird Ihre Seite für die Konkurrenz. Nach einer bestimmten Zeit melden sich andere Webmaster bei Ihnen, um einen Gastartikel zu veröffentlichen.

Die Google-Befehle `link` und `related` verhelfen Ihnen zu einem guten Start im Bereich Suchmaschinenoptimierung.

Wenn Sie beispielsweise den Befehl zum Test an großen Seiten ausprobieren und bei Google `related:otto.de` eingeben, stellen Sie fest, dass der Befehl zuverlässige Ergebnisse für ähnliche Seiten liefert. Otto wurde mit Schuhen groß. Zalando.de ist eine der Webseiten, die nach der Befehlseingabe in den Suchergebnissen für ähnliche Seiten auftaucht, da die Firma Zalando ebenfalls erfolgreich Schuhe vermarktet. Baur, Neckermann, Schwab, Quelle sind ebenfalls mit von der Partie. Gleichwertige Internetseiten werden durch diesen Google-Befehl präsentiert. Kleinere Onlineshops tauchen erst gar nicht in der Auflistung auf.

Weitere Google-Befehle:

⇨ `site:beispiel.de` zeigt die Anzahl der indexierten Seiten einer Webseite an.

⇨ `inurl:beispiel` zeigt Webseiten, bei denen der Suchbegriff in der URL vorkommt.

⇨ `intext:beispiel` zeigt Webseiten, bei denen der Suchbegriff im Text vorkommt.

⇨ `allintitle:beispiel` zeigt Internetseiten, bei denen der Suchbegriff im Titel vorkommt

⇨ `inanchor:beispiel` sucht nach Texten, die in Links vorkommen und zu einer Seite verlinken.

TIPP

Es gibt noch zahlreiche weitere Google-Befehle, die in Sachen Suchmaschinenoptimierung jedoch weniger interessant sind.

Wie schreibt man den potenziellen Linkgeber an?

Ihre Anfrage wird häufiger gelesen, wenn im Betreff nicht direkt das Wort „Linktauschanfrage" steht. Begriffe wie „Kooperation" oder „Anfrage" im Betreff klingen für den Webmaster erst einmal besser. Sie müssen ja nicht direkt mit der Tür ins Haus fallen. Ansonsten ist die Wahrscheinlichkeit sehr hoch, dass die Anfrage in Ablage P landet. Sprechen Sie den Webmaster oder den Seiteninhaber direkt mit Namen an. Viele Anfragen, die man im Web erhält, sind einfach ohne individuelle Anrede vorgefertigt.

Beispiel

Sehr geehrter Herr Mustermann,

gerne würden wir mit Ihnen eine Kooperation abstimmen. Ihre Internetseite www.mustermann.de passt vom Thema her perfekt zu unserem Blog www.mustermann1.de. Von dieser Seite aus können wir Ihnen einen Link aus einem Artikel anbieten, den unsere Redaktion kostenlos für Sie erstellen wird. Das heißt, Sie bekommen eine ganz neue Unterseite bei uns. Wir fertigen einen weiteren Artikel an, den Sie auf Ihrem Blog einstellen, mit einem Link zu unserer Firmenpräsenz www.mustermann2.de. Links von bestehenden Unterseiten sind ebenfalls möglich. Teilen Sie uns einfach Ihren Linkwunsch mit.

Wir würden uns freuen, von Ihnen zu hören.

Mit freundlichen Grüßen

Kostenlos als Gastautor Links abstauben – nicht einfach, aber möglich

Wenn man auf seinem Gebiet ein breit gefächertes Wissen vorweisen kann, werden sich einige Menschen darüber freuen, wenn man deren Portale mit guten Inhalten bereichert. Einige Portale im Internet zahlen sogar dafür und Sie dürfen zusätzlich einen Link zu Ihrer Webseite kostenlos mit einbauen.

Beispiele:

⇨ Das Expertenportal Experto.de verfügt über 30.000 Rankings in den Google-Top-100 und behandelt diverse Themengebiete. Bei hohen Zugriffszahlen auf Ihre Artikel verdienen Sie sogar etwas daran. Wenn der Text keine Werbung enthält, dürfen Sie vielleicht einen Backlink zur eigenen Domain mit einbauen. Zusätzlich wird ein Profil des Autors inklusive Link erstellt, was den Bekanntheitsgrad steigern kann. Eine Redaktion bietet Hilfestellung für die Texter.

⇨ Pagewizz.com ist ebenfalls ein kostenloses Portal mit hochwertigem Content. Mit der Einreichung von Texten verdient man Geld oder kann die Einnahmen spenden. Backlinks im selbst geschriebenen Artikel sind möglich. Das Gute an der Sache ist, dass nicht jeder Artikel angenommen wird. Bei Pagewizz wird der Content vorher redaktionell überprüft. Pagewizz.com verzeichnet auch einige Rankings in den Google-Top-100.

Ähnlich wie Experto und Pagewizz.com zeigt sich pageballs.com.

TIPP

Da, wo Sie sich am meisten anstrengen müssen, um einen Link zu bekommen, lohnt es sich. Wenn Sie als guter Schreiberling schon einige Texte veröffentlicht haben, stehen die Chancen auf Artikelveröffentlichungen noch höher. Präsentieren Sie Ihre Referenzen bei den Anfragen an Webmaster.

Wie kommt man an noch mehr Links?

Google ist und bleibt der erste Anlaufpunkt, um fündig zu werden.

Suchen Sie nach folgenden Begriffen:

⇨ Gastautor

⇨ Gastautor werden

⇨ Artikel einstellen

⇨ Expertenportal

⇨ Ratgeberportal

⇨ Experte fragen

Suche in Verbindung mit den Google-Befehlen:

⇨ `inurl:gastartikel`

⇨ `inurl:gastautor`

⇨ `intext:gastautor`

⇨ `allintitle:gastautor`

Wenn jemand die Publikation von Gastartikeln auf seiner Webseite
offeriert, sollten Sie nicht zögern, eine Artikelidee einzureichen.

Aufhänger oder Mehrwert als Titel der Anfrage auswählen

Die Wahrscheinlichkeit einer Linkveröffentlichung ist höher, wenn der
Webmaster einen Mehrwert für den Benutzer Ihrer Seite erkennen
kann. Ein kostenloses Tool bietet einen Grund für den Webmaster,
einen Link zu vergeben.

Welche Dinge schaffen einen Mehrwert für den User?

⇨ Fachlexikon zum Thema der Webseite mit Detailerklärungen von
Begriffen

⇨ Verzeichnis von Firmen, die Synergien zu Ihrer Firma anbieten
(Ein Beispiel: Sie haben eine Umzugsfirma und bieten eine Liste
von Handwerkern in Ihrer Stadt an.)

⇨ Übersetzungsfunktion

⇨ Apothekenverzeichnis

⇨ FAQs

⇨ Formulare zum kostenlosen Download

⇨ Interessantes Blog

⇨ Gutscheine

⇨ Expertenberichte

⇨ Suche, bei der der User verschiedene Begriffe eingeben kann und alle Unterseiten aufgelistet bekommt

Wie bekommt man einen Link bei Wikipedia? Mehrwert schaffen und Link zur eigenen Seite setzen oder Plan B

Was bringt ein Link bei Wikipedia und warum ist dieser so wertvoll?

Wenn man einen Link von Wikipedia erhält, beeinflusst dies den so-genannten *Trust Rank* einer Webseite. Wikipedia, die freie Enzyklo-pädie, ist eines der bekanntesten deutschen sowie weltweiten Inter-netlexika. Bei diesem Werk werden die Texte von kompetenten Men-schen überprüft. Die Fachautoren dort entscheiden, ob Ihr Artikel oder Ihre Begriffbeschreibung, die es bei Wikipedia noch nicht gibt, bei dieser Webseite überhaupt angenommen wird. Die Enzyklopädie ist für jedermann frei zugänglich. Die Informationen aus Wikipedia darf man nach Abklärung oftmals für seine eigene Internetseite ver-wenden, wenn man die Quelle angibt. Nicht immer ist die Verwen-dung sinnvoll. Doppelter Content wird dadurch generiert.

Doch wenn man bestimmte Werte aus Wikipedia in seine Inhalte in-tegriert, kann das sehr nützlich sein, wie z.B. bei Einwohnerzahlen bei Städteinformationen. Hinsichtlich der Suchmaschinenoptimierung ist es sicher, dass ein Link von Wikipedia Vorteile für den Seitenbetreiber bietet. Der Trust-Rank steigert sich ganz bestimmt durch diese Eintragung. Wenn man sich Wikipedia bei Alexa.com ansieht, erkennt man sofort, warum ein Link so viel bringen kann. Wenn man zu den zehn wichtigsten Webseiten der Welt gehört, muss der Link etwas bringen, selbst wenn dieser mit dem Nofollow-Attribut gesetzt ist. Mit mehr als 1 Million Backlinks punktet die freie Enzyklopädie. Bei sehr vielen Suchergebnisseiten von verschiedenen Begriffen befindet sich Wikipedia auf den ersten Rängen bei Google. Der Versuch, einen Eintrag mit Link zu erhalten, lohnt sich.

Wie erhält man den Link bei Wikipedia überhaupt? Gibt es einen bestimmten Trick oder ein Geheimnis?

Ein Netzwerk wie Wikipedia lässt sich nicht austricksen. Wenn man ein guter Autor ist, der einen Begriff nach Wikipedia-Richtlinien beschreiben kann, und dieser Begriff noch nicht in der freien Enzyklopädie existent ist, hat man eine Chance, dass dieses Wort nach Anlegen der neuen Wikipedia-Unterseite bestehen bleibt. Unter der Rubrik *Weblinks* des eigenen Wikipedia-Artikels könnte man versuchen, einen Link zur eigenen Internetseite zu integrieren. Wenn dieser neue Artikel für Wikipedia einen Mehrwert bietet, gibt es keinen Grund, den Artikel zu löschen. Bevor man jedoch einfach drauflosschreibt, sollte man die Richtlinien und den Leitfaden zu Artikeln bei Wikipedia genau unter die Lupe nehmen.

Der Link, den man setzt, oder der Artikel, den man dort einstellt, sollte den Nutzern einen wirklichen Mehrwert bieten. Wenn dies nicht gegeben ist, braucht man es gar nicht erst zu versuchen. Der Versuch wird scheitern. Bereiche wie Naturwissenschaften, Bildung oder Ähnliches haben gute Chancen, bei Wikipedia aufgenommen zu werden.

Plan B für den Link bei Wikipedia

Ich habe selbst schon einen Link bei Wikipedia erhalten, indem ich eine Internetseite mit einem Universitätenverzeichnis bei Wikipedia unter *Weblinks* in einem bestehenden Artikel eingebaut habe. Diese Universitäten-Suche bietet Studenten den Mehrwert, eine Universität und Informationen über die angebotenen Studiengänge zu finden.

Ein Freund von mir hat eine Übersetzungsseite erstellt, wofür es auch einen Link bei der freien Enzyklopädie gab. Die Webseite sollte nicht kommerziell ausgerichtet sein, wenn man den Versuch bei Wikipedia wagt.

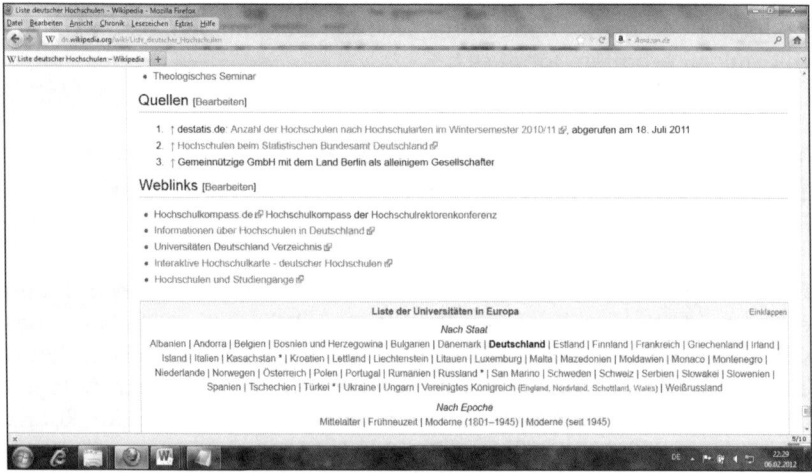

Abb. 2.6: Beispiel Wikipedia-Link zu universitaeten-deutschland.de (Quelle: Wikipedia.org)

Bekanntheitsgrad und Erfolg eines Unternehmens als Kriterium für die Aufnahme bei Wikipedia

Prominente Personen wie Musiker, Schauspieler, Dichter usw. sind meistens auch bei Wikipedia vertreten. Auch große Unternehmen wie z.B. Immobilienscout haben eine eigene Unterseite in der Enzyklopädie. Die Wichtigkeit und ein bestimmtes Interesse können Firmen oder Personen einen Eintrag bei Wikipedia verschaffen.

Jede Menge Links kostenlos: Branchenbücher, Webkataloge und Co. aus Deutschland, Österreich, der Schweiz und den USA – der Mix macht's

Nicht nur Links von anderen Webmastern stärken das Ranking Ihrer Seite. Ein Mix von Links aus verschiedenen Quellen – Social Bookmarks, Webkataloge, Branchenbücher, RSS-Verzeichnisse, Blogartikel, Pressemitteilungen, Freeblogs, Artikelverzeichnisse oder Blogkommentare – verbessern die Sichtbarkeit Ihrer Webseite im Netz.

Diese Möglichkeiten können Sie kostenlos ausschöpfen. Themenrelevante Blogs können Sie selbst aufsuchen, indem Sie einfach das Thema in Verbindung mit Begriffen wie Blog, Nachrichten, Blog oder News googeln.

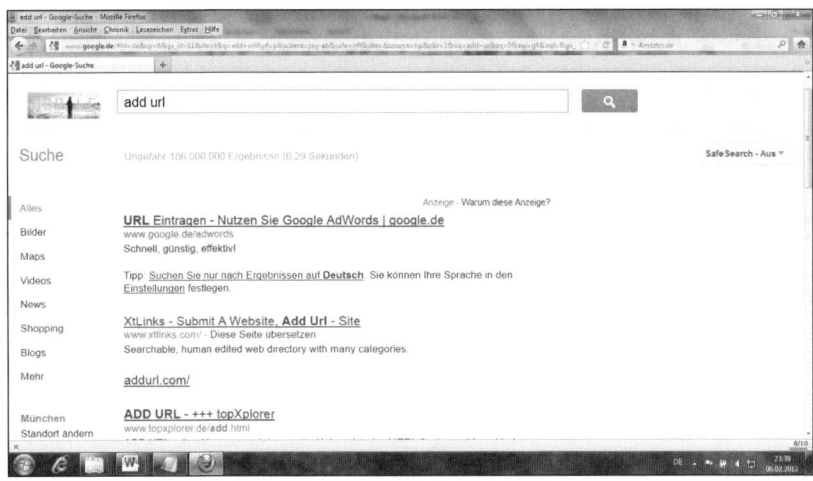

Abb. 2.7: Beispiel einer Suche nach geeigneten Backlinkquellen (Quelle: Google.de)

Bookmarks, Kataloge usw. sind ebenfalls relativ einfach zu recherchieren. Geben Sie Social Bookmark Liste oder Webkatalog Liste bei Google ein. Dann werden Sie garantiert fündig. „Add URL" oder „Seite anmelden" sind weitere Begriffe zur Recherche neuer Backlinkquellen.

Hauptsächlich besteht die Backlinkstruktur einer Webseite aus deutschen Links, wenn der Standort des Unternehmens Deutschland ist und das Geschäft hauptsächlich in Deutschland bei Google gefunden werden soll. Dennoch bestehen einige Backlinkstrukturen erfolgreicher Webseiten aus Links unterschiedlicher Herkunft. Backlinks aus den USA, Österreich oder der Schweiz schaden dem Linkaufbau nicht. In diesen Ländern sollten Sie sich ebenfalls in Kataloge eintragen.

Beispiele für kostenlose Backlinkquellen aus anderen Ländern:

⇨ Articlebase.com

⇨ Aboutus.org

⇨ Web-Links.ch

⇨ Powerlinks.ch

⇨ Treffer.ch

⇨ alpenlinks.at

Dofollow und Nofollow im Mix

Achten Sie darauf, dass nicht alle Links mit dem Dofollow-Attribut gesetzt werden. Ein natürlicher Linkaufbau enthält in der Regel ca. 10 Prozent Nofollow-Links.

Fehlerfreier Linkaufbau in der Praxis mit der eigenen Seite, ohne die Seite aus dem Google-Index zu katapultieren

Der Linkaufbau darf nicht von null auf hundert durchgeführt werden. Durchschnittlich empfehle ich, eine Anzahl von zwei bis vier Links täglich aufzubauen. Im Internet findet man leider immer noch Angebote, bei denen 1.000 Backlinks innerhalb von ganz kurzer Zeit erstellt werden. Bei solchen Services tauchen mehrere Probleme gleichzeitig auf:

⇨ zu häufig gleicher Titel und Beschreibung

⇨ zu schneller und damit unnatürlich wirkender Linkaufbau

⇨ gespinnte Beschreibungen und Titel

Zu häufig gleich publizierte Titel können entweder zu einer Linkentwertung von einzelnen Links führen oder zu Google-Maßnahmen wie Penalty oder Sandbox. Ein Penalty ist eine Abstrafung in Form von Rankingverlust. Die Sandbox bedeutet Verbannung aus dem Index von Google.

Meistens werden diese Links über Tools wie z.B. Bookmarking Demon erstellt. Wenn die Erstellung von mehreren Hundert Links innerhalb von drei Tagen erfolgt, fällt dies unter sogenannte Black-Hat-SEO-Methoden. Werden solche Tools richtig bedient, können sie aber auch hilfreich für den Linkaufbau sein. Dies ist nur bei einer geringen Anzahl an täglich publizierten Links der Fall. Titel sowie Beschreibung müssen variieren. Diese Einstellungen lassen sich im Programm ausführen.

Seit dem Panda-Update sind solche Programme nicht mehr zu empfehlen. Früher oder später entlarvt das Spam-Team von Google die „gespinnten" Texte. Dies hat wiederum eine Abstrafung zur Konsequenz. Text Spinning bedeutet, dass ein und derselbe Text mehrfach kopiert wird, seine Satzbausteine verändert bzw. Wörter an eine andere Stelle des Satzes verschoben und bestimmte Verben durch andere ersetzt werden.

Linktausch kann verboten sein, aber ohne geht es kaum

Wie komme ich an Backlinks?

Diese Frage stellt sich jeder Webmaster. Vernünftige Backlinks zu bekommen ist gar nicht so einfach. Bei Linktauschanfragen muss man heutzutage relativ vorsichtig sein. Unter Umständen könnte sogar ein Bußgeld fällig sein, wenn man an einen schlecht gelaunten oder genervten Webmaster gerät.

Linktausch verboten?

Nach dem BGH-Urteil vom 11.3.2004 (I ZR 81/01 – E-Mail-Werbung; OLG München) sind Linktauschangebote via E-Mail verboten (Quelle: *http://lexetius.com/2004,668*). Die Zusendung einer unverlangten E-Mail zu Werbezwecken verstößt grundsätzlich gegen die guten Sitten im Wettbewerb, heißt es dort.

Keine Angst, Linktausch ist dennoch möglich

Wenn Ihre Webseite unter bestimmten Begriffen bei Google aufgefunden wird, erhalten Sie zum einen selbst Linktauschanfragen und zum anderen besteht die Möglichkeit, über Plattformen wie XING.de Linksucher einfach ausfindig zu machen. In den Firmenprofilen werden die Interessen der Unternehmer bei XING im Profil dargestellt. Mit einer speziellen Suche lassen sich Interessen wie z.B. Linkaufbau, Linktausch oder Artikeltausch über dieses Firmennetzwerk herausfinden. Auch Gruppen zum Thema SEO, die den Linkaufbau unterstützen, gibt es bei XING.

Mittlerweile bietet das Internet diverse Linkkauf- und Tauschplattformen. Vom Linkkauf wird allein schon durch Google selbst abgeraten. Von Kaufmaßnahmen, die offensichtlich beworben werden, nimmt man besser Abstand. Linkmiete, Linkkauf sowie Linktausch sind gängige Methoden, um Backlinks zu generieren, obwohl Google hier gerne einen Riegel vorschieben würde. Bevor man über eine anonyme Plattform Links mietet oder kauft, ist eine Überprüfung der dort beworbenen Links angeraten. Fakt ist, dass sehr viele Menschen Links im Internet kaufen.

XING ist nicht die einzige Variante, an Links zu kommen. Gleichgesinnte findet man z.b. bei Facebook, Twitter oder Google+ und Co. Die Kontaktaufnahme über solche Accounts ist noch nicht verboten.

SEO-Software als Instrument

Zum Linkaufbau von themenrelevanten Links benötigt man eine SEO-Software. Damit lassen sich Werte wie Domainpop, Anzahl der Backlinks, Anzahl der Rankings und weitere wichtige Werte recherchieren.

Mit Tools wie XOVI, SISTRIX oder Searchmetrics kann man die Backlinkstruktur der Konkurrenz unter die Lupe nehmen. Eine Kontrolle der Linkpartner sollte man ebenfalls durchführen. Auch dafür gibt es spezielle Tools. Damit kann einfach kontrolliert werden, ob die Links, die der Partner gesetzt hat, nach einer bestimmten Zeit immer noch online sind. Einige der Tool-Anbieter haben diese Zusatzfunktion in der SEO-Software integriert.

Welche Angebote nicht infrage kommen und warum

Im Bereich der Suchmaschinenoptimierung sind die Unterschiede der Vertragsgestaltung sehr groß. Rechtliche Inhalte werden häufig nicht präzise ausformuliert. Eine Software, die automatisch Ihre Webseite bei Hunderten von Suchmaschinen anmeldet, ist keine Suchmaschinenoptimierung. Diese Eintragungsdienste sind nicht verboten, aber mit SEO haben sie wenig zu tun. Für den Kunden zählt vor Vertragsabschluss eine Aufklärung über die angebotenen Maßnahmen. Der Preis muss dem Service entsprechend angemessen sein.

Woran erkennt man selbst ernannte Suchmaschinenoptimierer, die vielleicht keinen Plan von der Materie haben?

⇨ Die Konzeption fehlt von Anfang an.

⇨ Der Optimierer möchte loslegen, ohne ein Ziel zu erfragen oder festzulegen.

⇨ Man drängt Sie zu einem direkten Vertragsabschluss.

⇨ Versprechen mit Platz eins bei Google werden mitgeteilt.

⇨ Sie bekommen keine Analyse.

⇨ Passende Suchbegriffe zu Ihrer Seite werden nicht genannt.

⇨ Klare Definitionen von Onpage- oder Offpage-Optimierung fehlen im Vertrag.

Suchmaschinenoptimierungsmaßnahmen sollten Sinn ergeben

Bevor man einen Vertrag für ein Jahr unterschreibt, sollte man sich selbst überlegen, wonach genau die potenziellen Kunden im Internet suchen, und ein paar Suchbegriffe aufschreiben, unter denen man zukünftig gefunden werden möchte. Ein ausführliches Vorabgespräch mit einem SEO-Berater verschafft den nötigen Überblick. Stellen Sie viele Fragen und zwar alles, was Sie wissen möchten. Der Berater kann Ihnen sagen, bei welchen Begriffen sich eine Optimierung lohnt.

Ziele definieren

Legen Sie im Vertrag fest, unter welchen Suchbegriffen Sie innerhalb von welchem Zeitraum an welcher Position gefunden werden möchten. Definieren lässt sich eine Top-Ten- oder Top-20-Position bei Google als Ziel des Kunden. Eine Garantie für eine bestimmte Position gibt es in der Regel nicht. Seriöse Suchmaschinenoptimierer erhöhen den monatlichen Grundpreis erst bei Erfolg (Erreichung einer bestimmten Position).

Zusammenspiel mehrerer Faktoren führt zum Erfolg

Unbedingt zu beachten ist, dass Maßnahmen wie Social-Media-Optimierung ebenfalls in die Vertragsgestaltung der Suchmaschinenoptimierung integriert werden. Seit Kurzem ist bekannt, dass die Nutzung von Google+ sich auf die Suchmaschinenergebnisse auswirkt, wenn ein User in seinem Account eingeloggt ist und vorher für eine bestimmte Seite ein Plus gegeben hat. Das heißt, manche Webseiten ranken beim eingeloggten User höher als in den organischen Suchergebnissen, wenn dieser Benutzer Inhalte im Freundes- oder Bekanntenkreis bei Google+ teilte. Zukünftig könnte es sein, dass sich Google+ auch auf die organischen Suchergebnisse auswirkt, ohne dass man im Account eingeloggt ist.

TIPP

Eine seriöse Agentur wird Ihnen sogar schriftlich bestätigen, dass nur nach den Richtlinien von Google optimiert wird. Ansonsten besteht die Gefahr, dass der Suchmaschinenoptimierer unerlaubte Maßnahmen anwenden könnte und Ihre Domain im Nirwana der Suchergebnisse landet. Schauen Sie sich unbedingt Referenzen an.

RSS-Links kassieren und besser gefunden werden

Auf einer neu erstellten Webseite empfiehlt es sich immer, einen RSS-Feed einzubauen. Hierdurch hat der Leser die Möglichkeit, Ihre Nachrichten auf dem Blog zu abonnieren. Sie können dadurch eine höhere Reputation erzielen. In diesem Feed werden alle Nachrichten in Kurzform gespeichert, mit einem Link zur Originalnachricht. Über RSS-Verzeichnisse sind Links zu generieren, indem Sie Ihren RSS-Feed dort eintragen. Jede einzelne Nachricht aus dem Feed verlinkt auf Ihre Seite. Damit bekommen Sie bei jeder Nachricht, die Sie hinzufügen, wieder neue Links über die Einträge in den RSS-Verzeichnissen.

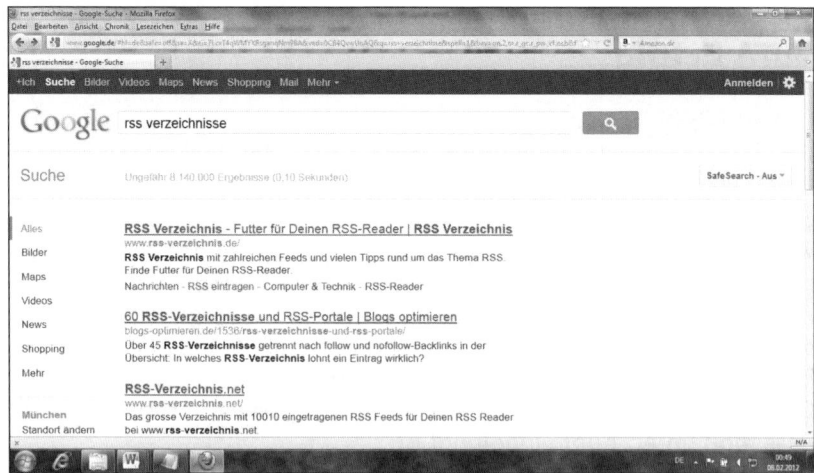

**Abb. 2.8: Beispielsuche nach RSS-Verzeichnissen über Google.de
(Quelle: Google-Suche)**

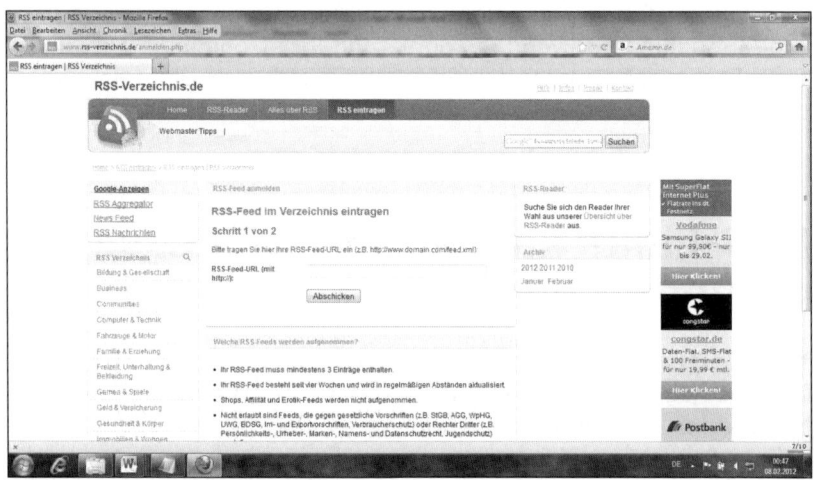

**Abb. 2.9: Beispiel für die erste Eintragungsmöglichkeit
(Quelle: RSS-Verzeichnis.de)**

Links in der richtigen Nachbarschaft bzw. Themengleichheit unterbringen

Themenrelevante Backlinks von Webseiten mit wenig Linkpower bringen in Einzelfällen mehr für das Ranking der eigenen Webseite als Links ohne Themenrelevanz von Seiten mit viel Linkpower.

Google achtet seit dem Panda-Update und zukünftig auf die Seiteninhalte. Es wird überprüft, dass die frisch publizierten Inhalte auch mit dem Rest einer Webseite harmonieren. Die Meta-Tags, wie Title und Description, sind ebenfalls ein Kriterium der Seitenbewertung durch Google. Der Text und die Thematik der Seite müssen einfach zum Titel und der Beschreibung passen.

Wenn der Backlink dann aus einer ähnlichen Nachbarschaft mit qualitativ hochwertigem Content und Themengleichheit stammt, wird die Bewertung für Ihre Seite zukünftig besser ausfallen. Dies gilt nicht nur für die Auswahl der Partner, die Sie verlinken, sondern auch für Eintragungen in Webkataloge. Die Qualität eines Webkatalogs ist vorher zu prüfen. Wenn dort eine Rubrik angeboten wird, die schon einige Zeit besteht und zum Thema Ihrer Seite passt, sollten Sie sich dort eintragen. Ebenfalls wichtig ist, dass von den Seiten, bei denen Sie sich eintragen, keine Links zu Adult-Seiten ein- oder ausgehen. So etwas fällt unter „schlechte Nachbarschaft" bzw. in der Fachsprache „bad neighborhood". Darunter fallen Webseiten, die bereits wegen Spamming abgestraft wurden, oder Seiten aus den Bereichen Glücksspiel oder Pornografie.

Im Internet gibt es ein Tool, mit dem Sie die Seite vor einem Linktausch überprüfen können. Dieses findet man unter:

http://www.bad-neighborhood.com/text-link-tool.htm

3 Neue Kunden und mehr Besucher

Account anlegen bei Facebook, Twitter, Google+ und Co.

Nach Fertigstellung der eigenen Internetseite legen Sie direkt Accounts bei den wichtigsten sozialen Netzwerken an. Dazu gehören Google+, Facebook, Twitter und XING. Die Accounts dienen zur Nachrichtenverbreitung der Informationen Ihrer Webseite. Neuerungen, spezielle Angebote etc. können dort publiziert werden. Diese Accounts dienen als Webvisitenkarte, zum einen für Ihre Person und zum anderen für Ihr Unternehmen, Ihre Produkte und Dienstleistungen. Durch die Kommunikation auf solchen Plattformen lassen sich neue Kunden generieren.

Anmeldung bei Facebook

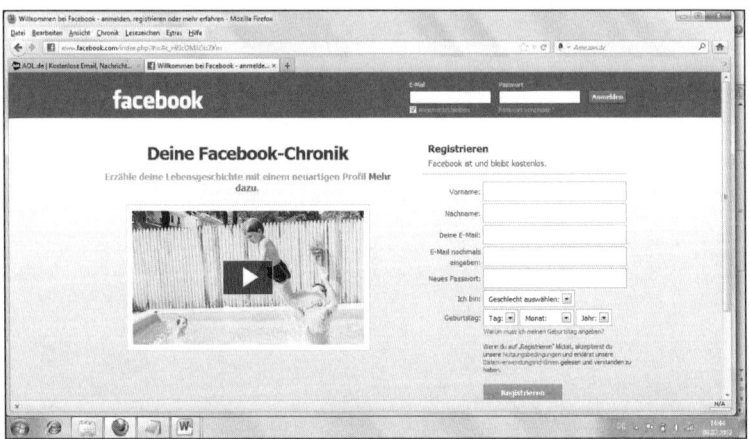

Abb. 3.1: Registrierung bei Facebook – Startseite (Quelle: Facebook.com)

Die Anmeldung funktioniert relativ einfach. Sie gehen auf Facebook. com und geben in der Anmeldemaske Ihre persönlichen Daten ein. Nach der Eingabe Ihrer Daten haben Sie die Möglichkeit, Freunde über ihre bestehenden E-Mail-Accounts bei Web.de, Windows Live

Hotmail oder anderen Anbietern einzuladen. Diesen Schritt können Sie durchführen oder überspringen.

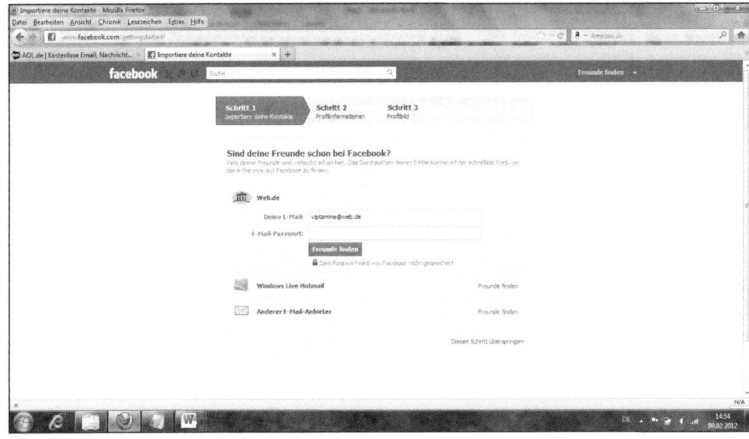

Abb. 3.2: Schritt 1 – Kontaktinformationen importieren (Quelle: Facebook.com)

Danach werden Schule und Arbeitgeber abgefragt.

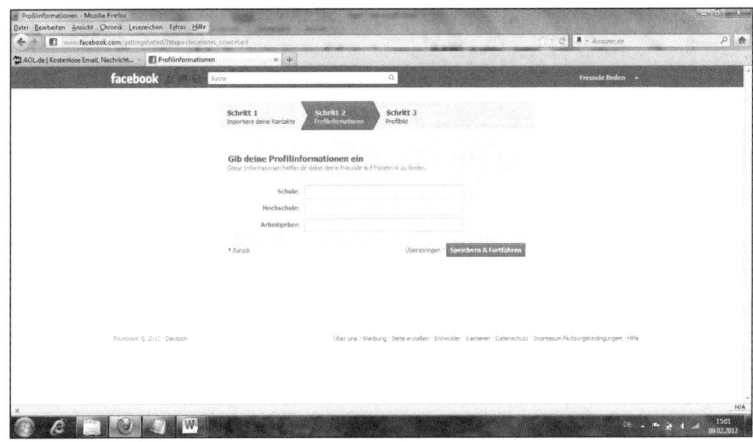

Abb. 3.3: Schritt 2 – Profilinformationen angeben (Quelle: Facebook.com)

Im dritten und letzten Schritt laden Sie noch Ihr Profilfoto hoch und sind schon auf Facebook aktiv. Vergessen Sie nicht, Ihren Account mit dem entsprechenden Link von Facebook zu bestätigen.

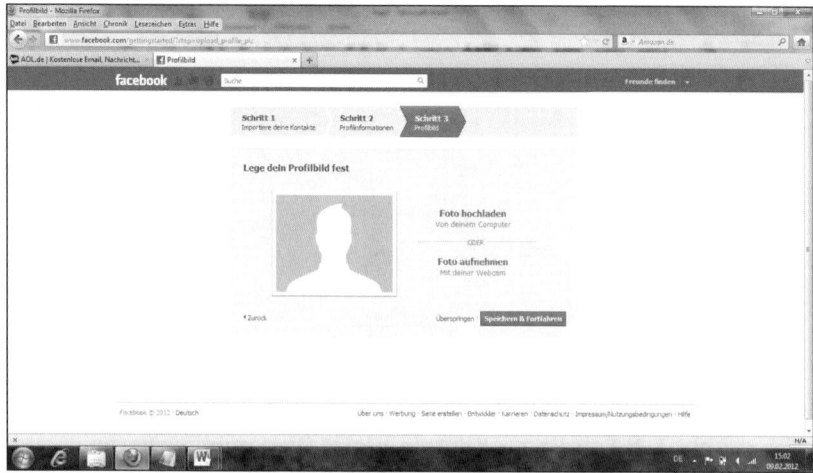

Abb. 3.4: Schritt 3 – Profilfoto hochladen (Quelle: Facebook.com)

Unternehmensprofil oder Fanpage bei Facebook einrichten

Wenn Sie Mitglied bei Facebook sind, besteht die Möglichkeit, innerhalb des Facebook-Accounts ein Unternehmensprofil inklusive eigener URL anzulegen.

Ihre Seite befindet sich unter *Facebook.com/IhreFirma/1442178155 88912*. Wenn Sie eine Anzahl von 25 Facebook-Fans erreicht haben, dürfen Sie Ihre URL umbenennen, sodass die Zahlenfolge wegfällt. Die URL könnte dann beispielsweise *Facebook.com/MalerHamburg* heißen.

Viele Personen oder Firmen werden in den Suchmaschinenergebnissen mit ihren Fanpages bei Google gut aufgefunden. Auf Ihrem Firmenprofil können Sie einen Link zu Ihrer Webseite einbauen.

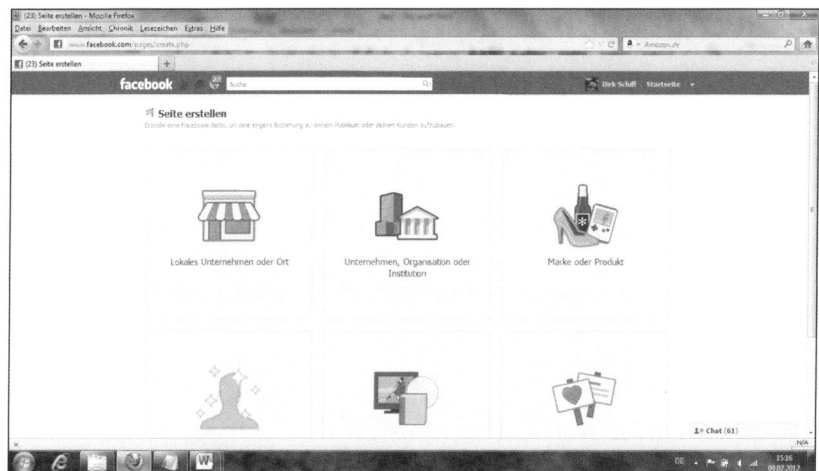

Abb. 3.5: Eigene Facebook-Seite anlegen (Quelle: Facebook.com)

Wenn Sie sich bei Facebook angemeldet haben, ist es keine Schwierigkeit mehr, sich bei Google+ und Twitter anzumelden. Die Vorgänge sind ähnlich und bedürfen auch wieder einer E-Mail-Bestätigung mit dem Klick auf den Bestätigungslink.

Anmeldung bei Twitter

Einen Account bei Twitter zu erstellen ist ganz unkompliziert: Geben Sie in Ihrem Webbrowser die Adresse *https://twitter.com/* ein und legen Sie in den verschiedenen Abfragebildschirmen die betreffenden Informationen fest.

Anmeldung bei Google+

Auch die Registrierung bei Google+ ist eine einfache Sache. Lassen Sie sich unter *https://plus.google.com/* durch den Anmeldeprozess führen.

Firmenprofil bei Google+ anlegen

Sie loggen sich in Ihr Profil bei Google+ ein und geben dann folgende URL in Ihrem Browser ein: *https://plus.google.com/pages/create*. Anschließend legen Sie das Firmenprofil an.

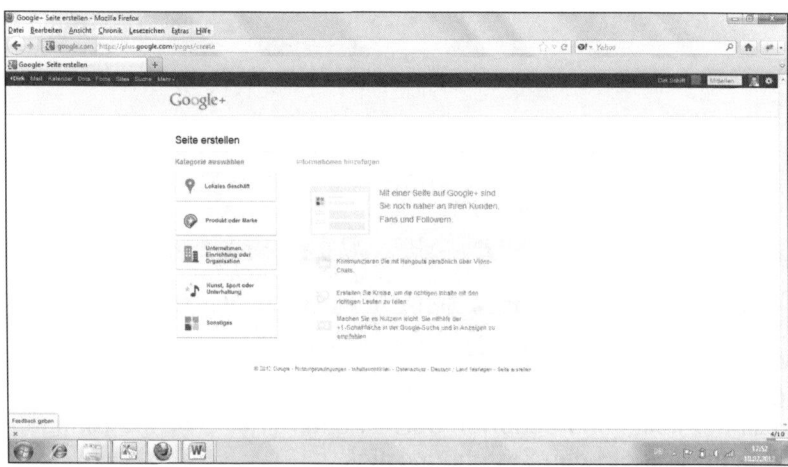

Abb. 3.6: Firmenprofil bei Google+ anlegen (Quelle: Google.de)

Buttons der sozialen Netzwerke auf der eigenen Seite einbauen

Soziale Netzwerke bieten gute Möglichkeiten, Ihre Unternehmensnachrichten sowie Angebote über Ihre Accounts zu publizieren und zu verbreiten. Damit eine bestimmte Menge an Lesern erreicht werden kann, benötigen Sie Kontakte. Deshalb ist es sinnvoll, die Accounts von Twitter, Facebook und Google+ über sogenannte *Social-Media-Buttons* von Ihrer Webseite aus direkt zu Ihren Profilen zu verlinken. Wenn ein Besucher der Internetseite sich mit Ihnen auf einem der sozialen Netzwerke vernetzt, besteht die Möglichkeit, diesen Besucher später als Kunden zu gewinnen. Dieser Leser wird regelmäßig auf Ihre Angebote stoßen, wenn er Sie zu seinen Kontakten hinzugefügt hat.

Der Google+-Button

Wenn Sie in Ihrem Profil bei Google+ angemeldet sind und *http:// www.google.com/intl/en/webmasters/+1/button/index.html* in den Browser eingeben, können Sie für Ihre Webseite einen Code generieren. Ihr Webmaster baut den Button innerhalb von Minuten ein. Bei WordPress-Seiten gibt es fertige Plugins und Widgets, die über den Administrationsbereich kostenlos hochgeladen werden können. Für die Integration des Buttons bedarf es keiner Eingabe eines Codes.

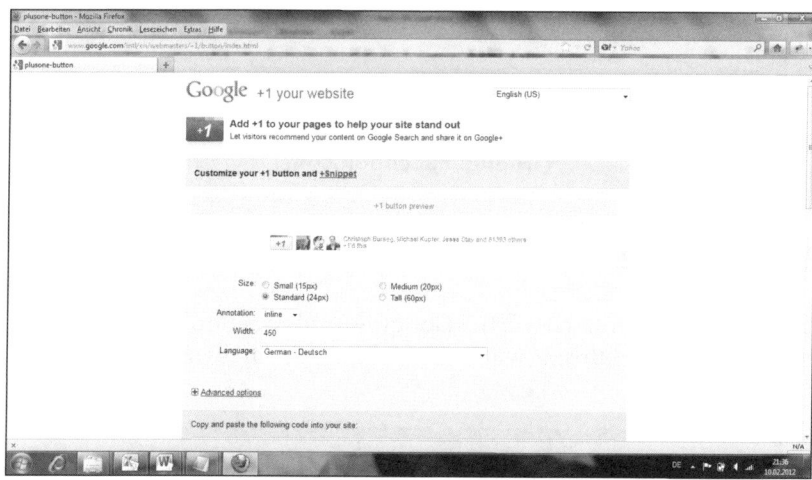

Abb. 3.7: Den Code für den Google+-Button generieren (Quelle: Google.de)

Der Facebook-Like-Button

Der Code für den Like-Button kann auf der Seite *http://developers. facebook.com/docs/reference/plugins/like/* erstellt werden. Dieser Code wird ebenfalls in den HTML-Code Ihrer Webseite integriert. Eine Anleitung ist bei Facebook verfügbar.

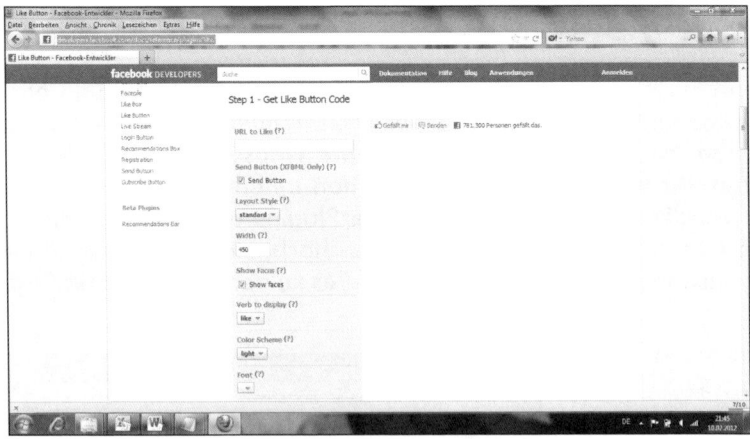

**Abb. 3.8: Den Code für den Facebook-Like-Button generieren
(Quelle: Facebook.com)**

Der Twitter-Button

Die Prozedur ist ähnlich wie bei Google+ und Facebook. Die Anleitung finden Sie unter *https://twitter.com/about/resources/buttons#tweet*.

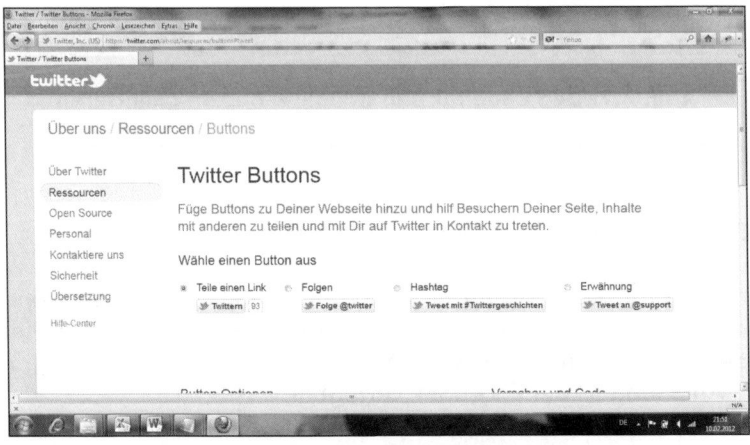

**Abb. 3.9: Den Code für den Twitter-Button generieren
(Quelle: Twitter.com)**

Bekanntheitsgrad steigern durch Posten von Tweets

Wie funktioniert die Verbreitung einer Nachricht?

Die Verbreitung funktioniert relativ einfach. Verschiedene Varianten bieten sich an. Am effektivsten ist, wenn der Link Ihres neuen Produkts oder Textes in Verbindung mit einem Teaser (Aufmacher) in jedem der sozialen Netzwerke verbreitet wird. Der Aufmachertext sollte immer variieren, damit der publizierte Content immer einzigartig bleibt. In Bezug auf die Suchmaschinenoptimierung spielt dies eine große Rolle, auch wenn es bei einem solchen Teaser nur um einen Satz geht.

Der Umfang eines Tweets sollte etwa zwischen 120 und 140 Zeichen liegen. Wenn der Link mehr am Anfang der Nachricht steht, wird er häufiger angeklickt. Auch Uhrzeit und Wochentag spielen eine Rolle für die Klickhäufigkeit. Häufiger geklickt wird am Wochenende und in der Woche ab spätem Nachmittag.

Eine schnellere Verbreitung der Tweets erfolgt mit Diensten wie Ping. fm oder twitterfeed.com. Bei twitterfeed können Nachrichten automatisch über einen RSS-Feed eingelesen und auf Twitter, Facebook und Co. verbreitet werden.

Ping-Dienste richtig einsetzen – am Beispiel Ping.fm

Mit Ping.fm können Nachrichten mit einem Klick oder vollautomatisch nach Eingabe auf Ihrem Blog an mehr als 30 soziale Netzwerke übermittelt werden.

Nach der Registrierung bei diesem Dienst müssen Ihre Accounts der im Administrationsbereich von Ping.fm verfügbaren Netzwerke angelegt werden. Wenn Sie schon über den einen oder anderen Account verfügen, brauchen Sie nur die Zugangsdaten einzupflegen und zu bestätigen. Wenn die Accounts angelegt sind, können Sie Ihre

Nachricht bei Ping.fm manuell angeben und in allen Accounts der sozialen Netzwerke automatisch publizieren.

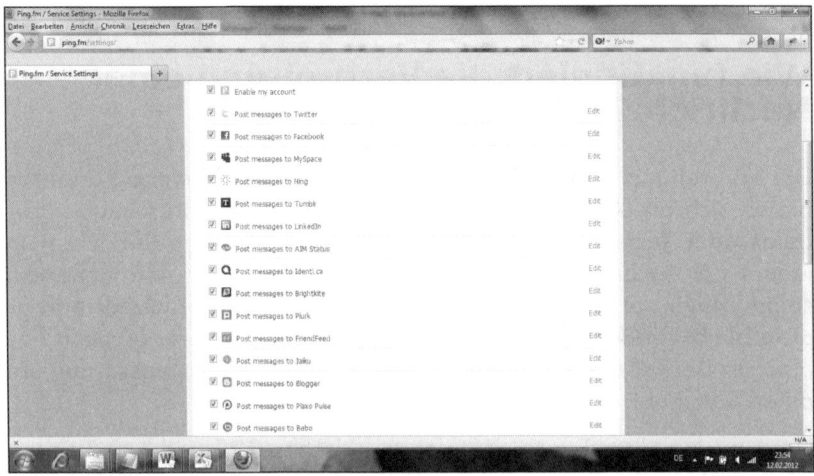

Abb. 3.10: Ping.fm-Administrationsbereich (Quelle: Ping.fm)

Damit die Nachricht auch häufig gelesen wird, benötigen Sie bei jedem sozialen Netzwerk Kontakte. Eine regelmäßige Verbreitung von Nachrichten bietet eine hohe Reputation. Dadurch steigern Sie den Bekanntheitsgrad auf Dauer.

Das soziale Netzwerk XING und die Verknüpfung der eigenen Webseite

XING bietet viele Möglichkeiten der Kommunikation an. Auch XING ist ein wertvolles Instrument, um neue Kontakte zu generieren. Ebenso wie Facebook, Google+ und Twitter gehört der XING-Button auf eine Firmenwebseite. Verknüpfen Sie Ihr Profil bei XING mit der eigenen Internetpräsenz. Genauso wichtig ist die Vollständigkeit Ihres Profils bei XING. Die Kosten für ein Premiumprofil von 6,95 Euro pro Monat lohnen sich in jedem Fall.

TIPP

Geben Sie unter den Rubriken Ich suche und Ich biete stichwortartig ein, was Sie suchen und anbieten. Begriffe wie „Linktausch", „Artikeltausch", „Contenttausch", „SEO", „Suchmaschinenoptimierung" sind erlaubt. Wenn Sie diesen Bereich ausgiebig ausgefüllt haben, können andere Mitglieder, die suchen, was Sie bieten, auf Ihr Profil aufmerksam werden. Somit können Sie dauerhaft das Ranking Ihrer Seite durch Linkaufbau verbessern. Einige XING-Mitglieder sind immer auf der Suche nach neuen Links. Über die in der Abbildung gezeigte Suchmaske besteht auch für Sie die Möglichkeit, das zu finden, was Sie suchen.

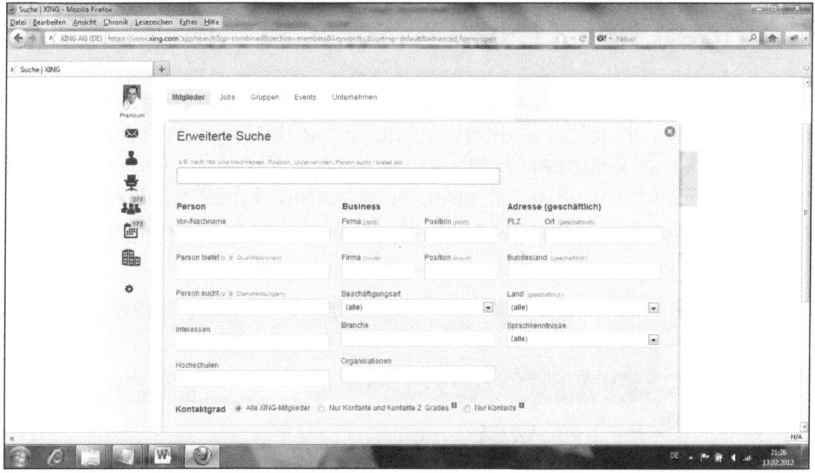

Abb. 3.11: Suchmaske (Quelle: XING.de)

Leser und Kunden gewinnen

Bei XING besteht die Möglichkeit, über das eigene Profil einen Link mit Teaser-Text zu posten. Sie können über die Privatsphäre-Einstellungen entscheiden, ob Ihre Nachrichten von jeder Person oder nur von Freunden gelesen werden können und in den Suchmaschinen auffindbar sein sollen. Die Auffindbarkeit ergibt Sinn, sodass die Anzahl der Leser höher ausfällt. Nach dem Einstellen eines Links sehen Sie in der Rubrik *Besucher Ihres Profils*, ob Besucher Ihr XING-Profil angeschaut haben. Kommentare zu den Links verraten ebenfalls oftmals Interesse an Ihrem Angebot.

Über Foren, Ratgeberseiten und Gruppen können Leser oder Interessenten zu neuen Kunden werden

Gruppen bei XING

Nicht alle sozialen Netzwerke bieten so stark ausgeprägte Gruppen an wie XING. In allen Branchen finden Sie Interessengemeinschaften. Die Rubrik *Gruppen* eröffnet neue Möglichkeiten für Unternehmer. Die Funktionsweise ist einfach gehalten. Über die Gruppensuche geben Sie ein Interessengebiet ein und werden fündig.

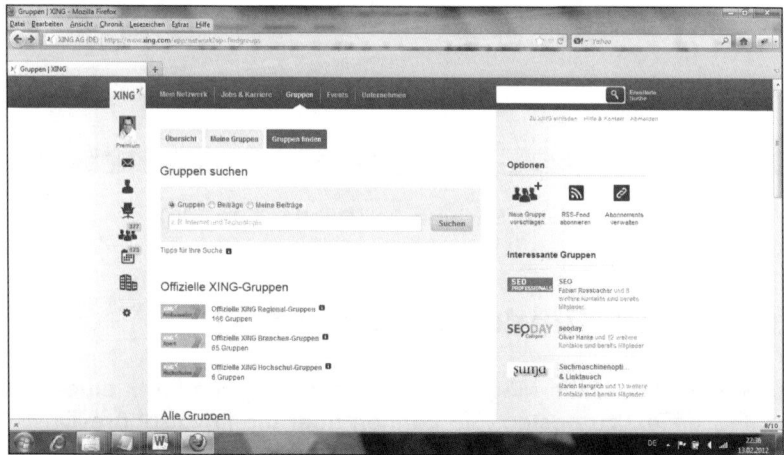

Abb. 3.12: XING – Gruppensuche (Quelle: XING.de)

Geben Sie unbedingt Begriffe wie „Linktausch", „SEO" oder „Linkbuilding" dort ein und fragen Sie eine Mitgliedschaft in diesen Gruppen an.

Forum innerhalb einer Gruppe

Innerhalb einer Gruppe gibt es in der Regel eine Vorstellungsrunde sowie weitere Rubriken, in denen ein Linktausch offeriert werden darf. Werden Sie schnellstmöglich aktiv!

Die Gruppenfunktion dient als gute Lösung, um potenzielle Linktauschpartner zu finden.

Foren und Ratgeberportale als Berater nutzen und Leser als Kunden gewinnen

Einige Ratgeber-Communitys und Foren verzeichnen eine hohe Anzahl von Besuchern. Experten, aber auch Anfänger, die den Expertenstatus erst im Laufe der Zeit erreichen, haben bei Plattformen wie z.B.

⇨ Gutefrage.net

⇨ Wer-Weiss-Was.de

⇨ Finanzfrage.net

⇨ Sportlerfrage.net

die Möglichkeit, sich kostenlos an der Community zu beteiligen. Sie können Fragen zu bestimmten Themen, mit denen Sie sich gut auskennen, beantworten. Wenn der Frager merkt, dass Sie gute Informationen liefern, versucht er vielleicht sogar, persönlichen Kontakt aufzunehmen. Und schon sind Sie als Dienstleister gefragt. Damit steigern Sie den Bekanntheitsgrad. Auch Foren dienen zur Gewinnung von neuen Interessenten.

Forenrecherche

Foren recherchieren Sie über Google, indem Sie die gewünschte Branche in Verbindung mit dem Begriff „Forum" eingeben.

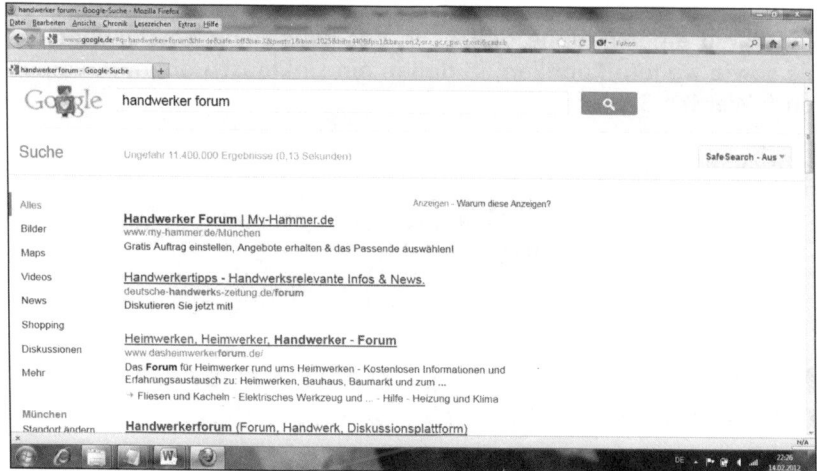

Abb. 3.13: Ein Beispiel für eine Forenrecherche (Quelle: Google.de)

Mit der Anmeldung bei einem Forum starten Sie den ersten Schritt. Vor der Anmeldung sind natürlich die AGB nicht zu vergessen. Nach Überprüfung der Bedingungen legen Sie ein Profil an. Im Profil tragen Sie Ihre Webseite ein. Wenn Sie jetzt mit jemand in Kontakt treten, der einen Handwerker sucht, findet derjenige anhand Ihres Profils direkt das Angebot Ihrer Internetseite. Nicht nur der direkte Kontakt zum Interessenten zählt, sondern auch der Link im Profil. Denn jeder Link stärkt wiederum die Backlinkstruktur der Webseite. Deshalb ist es sinnvoll, sich nach und nach in diverse themenrelevante Foren einzutragen.

Eine XING-Firmenseite anlegen

Bei XING besteht die Möglichkeit, kostenlos ein Firmenprofil anzulegen. Auch wenn man sich nicht für eine Premiummitgliedschaft entscheidet, ist dies möglich.

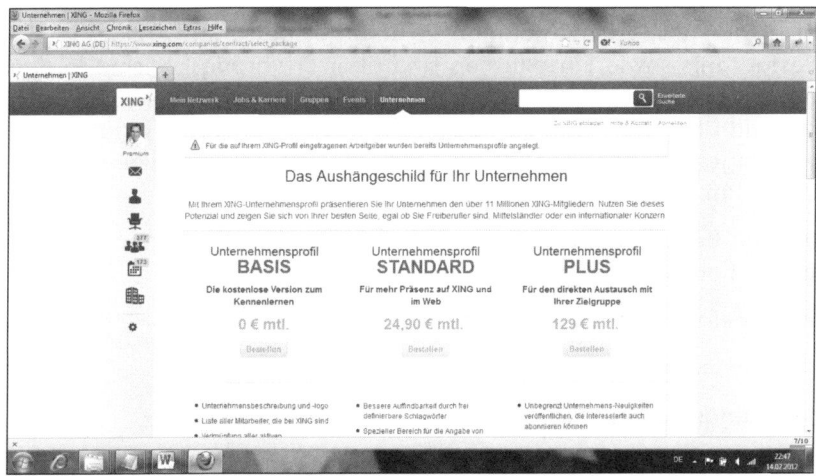

Abb. 3.14: Profil mit URL anlegen (Quelle: XING.de)

Nutzen Sie erst einmal die Basisvariante. Zu einem späteren Zeitpunkt lassen sich die anderen Variationen buchen. Nach der Auswahl legen Sie das Profil ausführlich mit detaillierten Informationen inklusive Link zu Ihrer Webseite an. Über die spezielle Unternehmenssuche können andere Mitglieder Sie finden.

Sie erhalten eine eigene URL. McDonald's nutzt z.B. die Webadresse *https://www.xing.com/companies/mcdonlads/employees* bei XING. Allein bei der Suche von Personen über Google landen die Profile von XING sehr häufig in den Top 5 der Suchergebnisse. Dies gilt nicht für Prominente.

Empfehlungen sind Gold wert – Accounts bei Qype, Ciao usw. und was es bringt

Empfehlungen sagen etwas über die Qualität, den Service, die Produkte und die Dienstleistungen einer Firma aus. Schon lange werden nicht nur große Unternehmen im Internet bewertet. Ärzte, Hotels, Restaurants sowie Einzelfirmen sind über Erfahrungsberichte in den Suchmaschinen auffindbar. Der Verbraucher hat die Möglichkeit, sich ein Bild über die Firma zu verschaffen, bevor er kauft. Negative Bewertungen werden auf Wunsch des Betreibers gelöscht, wenn es sich dabei um Manipulation handelt.

Welche Bewertungsportale sind wichtig und in den Suchmaschinen gut zu finden?

Allgemein:

⇨ Qype.com

⇨ Kennstdueinen.de

⇨ Ciao.de

⇨ Stadtbranchenbuch.com

⇨ Pointoo.de

⇨ Golocal.de

⇨ Dialo.de

Branchenspezifisch:

⇨ Docinsider.de

⇨ Shopvote.de

⇨ Holidaycheck.de

⇨ Makler-Bewertungsportal.de

⇨ Hotel.de

⇨ Jameda.de

Ein Profil bei Qype und Co. dient dazu, dem zukünftigen Kunden die Kaufentscheidung zu erleichtern. Bis vor Kurzem wurden die Bewertungen aus Qype in den Suchergebnissen von Google im Places-Profil direkt angezeigt. Google hat die Bewertungen anderer Portale aus den anderen Portalen entfernt. Bei einigen Unternehmen werden die Bewertungen von Qype allerdings immer noch ganz unten im Places-Profil aufgelistet.

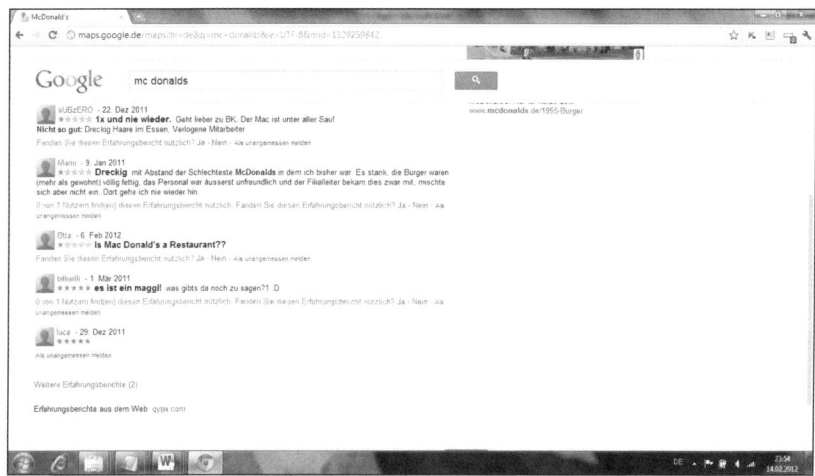

Abb. 3.15: Beispiel für die Auflistung einer Bewertung im Places-Profil (Quelle: Google.de)

TIPP

Ein Account bei Qype und Co. bringt eine verbesserte Auffindbarkeit bei der regionalen Suche eines Unternehmens. Die Eintragungen verbessern die Backlinkstruktur der eigenen Webseite. Um Empfehlungen zu erhalten, sprechen Sie Ihre Kunden direkt an und fragen nach der Zufriedenheit. Wenn sie mit Ihrer Dienstleistung zufrieden sind, werden sie Sie gerne mit einer positiven Bewertung belohnen.

Google Places – Account-Erstellung mit wichtigen Hinweisen

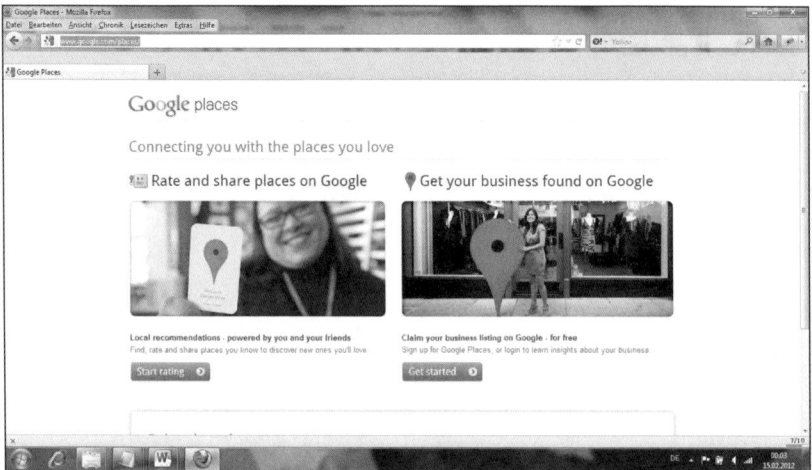

Abb. 3.16: Google Places – Startseite (Quelle: Google.de)

Sie gehen auf die Seite von Google Places und klicken unten rechts auf *Get started*. Nach diesem Schritt folgen Sie den Anweisungen von Google, bis Sie zu der in der Abbildung 3.17 gezeigten Eingabemaske gelangen.

Oben rechts stellen Sie die Sprache *Deutsch* ein. Tragen Sie alle abgefragten Informationen im Detail ein. Geben Sie so viele Kategorien wie möglich ein. Somit besteht später auch die Möglichkeit, unter mehreren Kategorien gefunden zu werden. Füllen Sie das Profil weiter aus und fügen Sie mehrere Fotos und Videos Ihres Angebots hinzu. Für die Dateinamen der Bilder und Videos verwenden Sie Schlüsselwörter, unter denen Sie später gefunden werden möchten. Je vollständiger Ihr Profil ist, umso besser sind die Chancen auf ein gutes Ranking im regionalen Bereich. Die Suchergebnisse von Google Places werden mit den organischen Suchergebnissen zusammengewürfelt und ausgewertet. Das heißt, die Auffindbarkeit in Places wirkt sich auf die organische Suche aus.

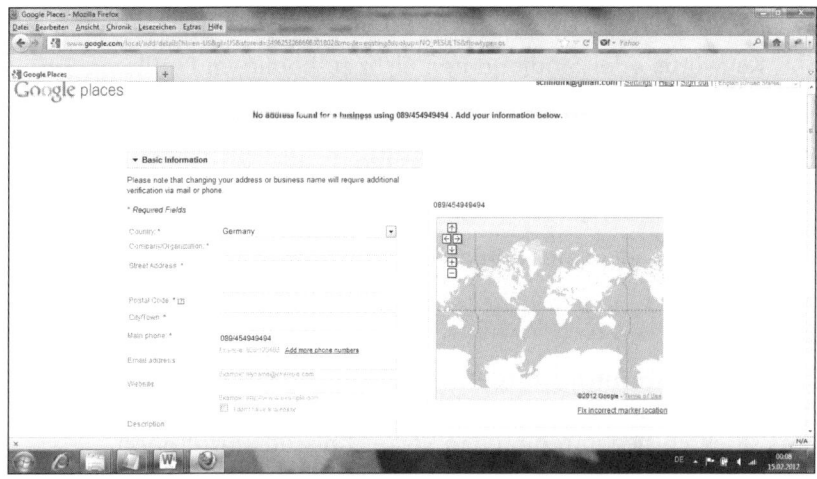

Abb. 3.17: Profilinformationen eingeben (Quelle: Google.de)

SEO für den Google Places-Account und wie dieser Ihre Auffindbarkeit verbessert

Laut eigenen Auswertungen erzielen Internetseiten mit einer hohen Anzahl an Bewertungen ein besseres Ranking bei Google Places als Webseiten mit einer geringen Anzahl an Bewertungen. Auch Webseiten, bei denen das Profil zu 100 Prozent ausgefüllt ist, ranken häufig besser als Seiten, bei denen das Profil nicht vollständig ausgefüllt wurde.

Wodurch verbessern Sie das Ranking Ihres Places-Profils?

⇨ Kunden nach einer Bewertung fragen

⇨ Profil zu 100 Prozent ausfüllen inklusive Videos und Bilder

⇨ Unternehmen in viele lokale Verzeichnisse eintragen

⇨ Gut rankende Konkurrenz bei Places anschauen

⇨ Eintragung in die richtigen Kategorien

⇨ Verlinkung des Places-Profils mit externen Links

⇨ Keywords oder Städtenamen nicht zu häufig im Profil nennen

⇨ Linkaufbau regional

⇨ Allgemein gut optimierte Webseite

⇨ Firmennennung in weiteren Portalen (auch ohne Link)

⇨ Adresse und Telefonnummer überall identisch eintragen

TIPP

Google nutzt viele Quellen zur Datenbeschaffung. Daher sind regionale Einträge wichtig für das Ranking bei Places. Deshalb ist es sinnvoll, sich in regionalen Verzeichnissen einzutragen.

Wie bringen Sie Kunden dazu, Ihren Service bei Qype, Google oder anderen Netzwerken zu bewerten?

Wenn man das Gefühl hat, den Kunden gut beraten zu haben, sollte man einfach auf ihn zugehen und um eine Bewertung bitten. Bei Qype gibt es spezielle Kärtchen, die den Kunden zur Abgabe einer Bewertung animieren. Diese Kärtchen werden für Premiummitglieder bei Qype angeboten. Manchmal hilft ein freundliches Anschreiben an den Kunden. Bei guter Leistung bewerten Kunden auch ohne Aufforderung, wenn sie mit Ihnen sehr zufrieden waren.

TIPP

Amazon oder eBay arbeiten seit Jahren erfolgreich mit Bewertungssystemen und fordern ihre Kunden per E-Mail zum Bewerten auf. Tun Sie es auch! Bei den großen Portalen finden sich viele Ideen für die eigene Seite.

Wichtige Parameter abfragen und verstehen

Der Einsatz der Geheimwaffe: Google AdWords Keyword-Tool

Bevor Sie mit der Nutzung dieses Tools beginnen, müssen Sie sich ausführlich Gedanken darüber machen, welche Begriffe der Nutzer bei Google eingeben wird, um Ihr Produkt oder Ihre Dienstleistung in den Suchmaschinen aufzufinden. Versetzen Sie sich in die Lage des Users. Die Zielgruppe sollte klar definiert werden. Ein Benutzer, der schon viel über eine bestimmte Branche weiß, geht anders bei der Suche vor als ein Nutzer, der noch nie mit der Materie in Verbindung stand.

Der Firmenname ist zwar hinsichtlich des Wiedererkennungswerts wichtig, aber Sie sollten bedenken, dass der Kunde, der Ihre Firma noch nicht kennt, nicht den Firmennamen bei Google eingibt, sondern nach einer bestimmten Dienstleistung oder einem Produkt sucht.

Beispiel für eine Hausarztpraxis in München Schwabing

Dr. Schwanthal hat seine Praxis im Stadtteil München Schwabing gegründet und bietet zusätzlich Naturheilverfahren an. Er hat eine Zusatzausbildung als Heilpraktiker abgeschlossen.

Welche Suchbegriffe sind für ihn relevant? Wonach suchen potenzielle Interessenten und zukünftige Kunden?

⇨ Heilpraktiker München

⇨ Heilpraktiker München Schwabing

⇨ Hausarzt München Schwabing

⇨ Arzt München

⇨ Arzt München Schwabing

⇨ Allgemeinarzt München Schwabing

⇨ Naturheilverfahren München

⇨ Naturheilpraxis München

⇨ Alternative Heilmethoden München

⇨ Arzt Schwabing

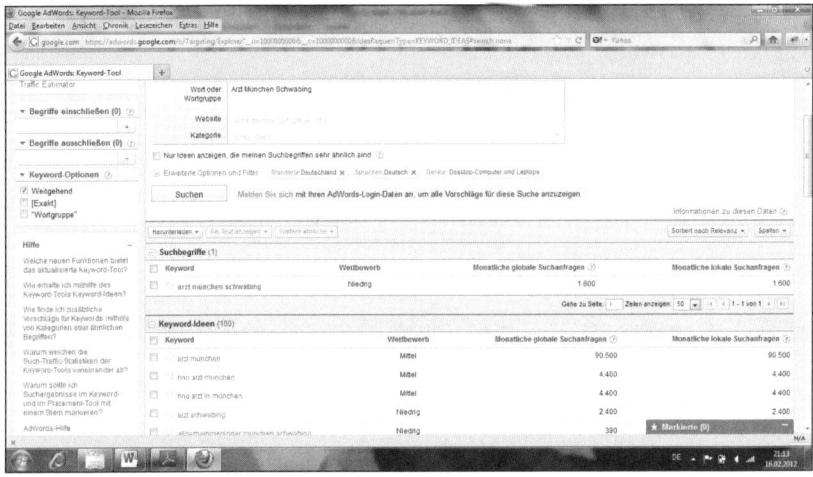

Abb. 4.1: Beispiel mit der Eingabe „Arzt München Schwabing" im Keyword-Tool von Google (Quelle: Google.de)

TIPP

Lassen Sie nicht nur die Top-Begriffe mit einer hohen Suchhäufigkeit optimieren. Sinnvoll ist es, parallel zu den Suchbegriffen mit einem hohen Suchvolumen Nischenbegriffe mit geringerem Suchvolumen zu optimieren. Damit haben Sie zusätzliche Chancen auf ein gutes Ranking. Wenn Sie z.B. fünf Nischenbegriffe optimieren, die jeweils ein Suchvolumen von 1.000 Suchanfragen pro Monat verzeichnen, kommt das auf das Gleiche raus, als wenn Sie einen Suchbegriff mit 5.000 monatlichen Suchanfragen optimieren. Je höher das Suchvolumen ausfällt, umso härter sind die Suchbegriffe bzw. Suchbegriffkombinationen umkämpft. Einfacher und schneller lassen sich Nischenbegriffe mit einer Suchhäufigkeit von 400 bis 2.000 Suchanfragen pro Monat optimieren.

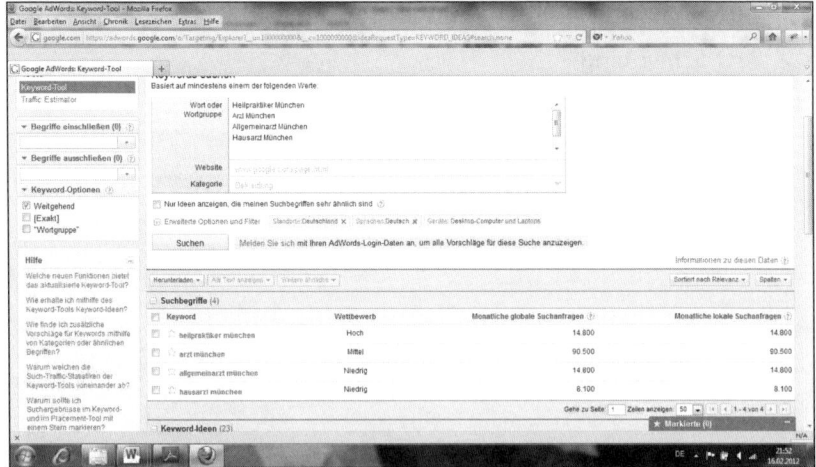

Abb. 4.2: Beispiel für stark umkämpfte Suchbegriffe bzw. -kombinationen (Quelle: Google.de)

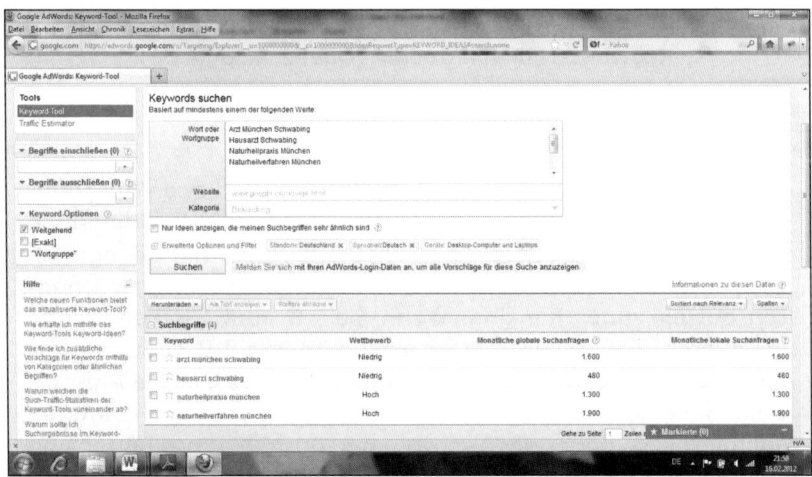

Abb. 4.3: Beispiel für Nischenbegriffe (Quelle: Google.de)

Suchen Sie sich für die Hauptseite maximal drei oder vier Keywords aus, unter denen Sie gefunden werden möchten. Die wichtigsten Schlüsselwörter werden in der Regel für die Hauptseite optimiert. Wenn die Webseite insgesamt gut optimiert wird, kann es sein, dass Sie mit der Hauptseite unter weiteren Begriffen, die nicht gezielt optimiert wurden, bei Google gefunden werden.

Legen Sie mehrere Unterseiten an und benennen Sie die URLs nach den Keywords. Die Suchbegriffkombination „Akupunktur München" wird laut Keyword-Tool 2.400-mal pro Monat gegoogelt. Das heißt für die Praxis, dass die Unterseite *http://www.dr-schwanthal.de/akupunktur-muenchen* lauten könnte. Bei einer starken Backlinkstruktur der Hauptseite, besteht die Möglichkeit, dass die Unterseiten mit wenigen Backlinks eine gute Position bei Google erreichen. Dennoch sind sogenannte *Deep Links* wichtig für die Suchmaschinenoptimierung.

Kostenlose hilfreiche Tools nutzen und die eigene Seite stärken

Backlinkchecker

Bis vor Kurzem hat Yahoo den kostenlosen Siteexplorer angeboten. Dieser Service wurde eingestellt. Damit konnte die Backlinkstruktur einer Webseite überprüft werden.

Mittlerweile werden diverse kostenlose Backlinkchecker im Internet angeboten. Wenn man kein kostenpflichtiges Backlinktool nutzt, ist es sinnvoll, über einen kostenlosen Linkchecker die Links der Konkurrenz auszuspähen.

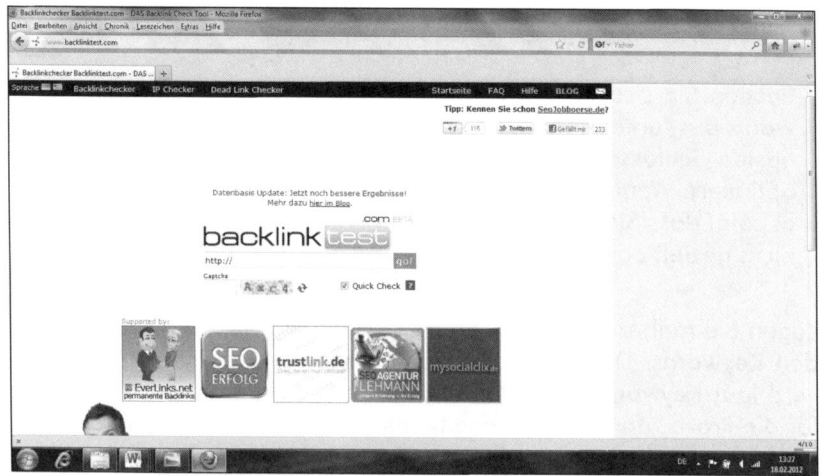

**Abb. 4.4: Beispiel für einen Backlinkchecker
(Quelle: Backlinktest.com)**

backlinktest.com bietet beispielsweise einen Quickcheck an, wobei keine Linktexte angezeigt werden, oder einen ausführlichen Check mit Anzeige der Linktexte. Je nach Anzahl der Unterseiten und Backlinks kann eine Linkabfrage ein bis fünf Minuten dauern. Nach der Abfrage können Sie sich sogar einen PDF-Report kostenlos herunterladen. Backlinkchecker finden Sie in einer Vielzahl im Internet, wenn Sie „Backlinkchecker" googeln.

SEO-Allrounder-Tools

SEO-Allrounder-Tools bieten eine Gesamtbewertung Ihrer Webseite an. Sie können erkennen, wie häufig die Webseite bei sozialen Netzwerken wie Twitter, Facebook, Google+ und Co. auftaucht. Technische Details werden ermittelt und Fehlerquellen angegeben. Details wie Meta-Tags, Keywords, Keyworddichte, Performance und Lesbarkeit durch Suchmaschinen sehen Sie in einem Überblick bei einer Onlineanalyse. Auch die Sichtbarkeit einer Page in den Suchmaschinen wird berücksichtigt. Eine Analyse von *http://validator.w3.org/* ist in dem Gesamtergebnis inbegriffen.

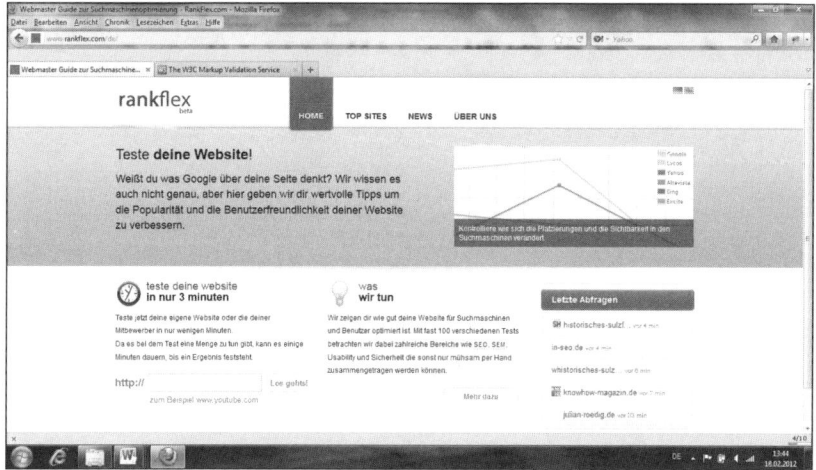

**Abb. 4.5: Beispiel für einen Onlineanalyseanbieter: Rankflex.com
(Quelle: Rankflex.com)**

Webseiten wie Seitwert.de oder Seittest.de bieten ähnliche Leistungen wie Rankflex.com an.

Die besten kostenpflichtigen Tools

XOVI

XOVI bietet ein unschlagbares Preis-Leistungs-Verhältnis. Eine Bindung an einen Jahresvertrag ist nicht erforderlich. Die Daten sind immer auf dem neuesten Stand. Backlinks von Linkpartnern können online verwaltet werden. Die Konkurrenz kann einfach und schnell analysiert werden. Werte wie Rankings, Domainpop, DMOZ-Links, Anzahl geschalteter AdWords-Anzeigen, PageRank, Anzahl der Seiten im Google-Index, Alexa Rank, IP und Land des Hostings sind zu ersehen. Backlinks der Konkurrenz zeigt XOVI bis ins kleinste Detail. Eine kostenlose Testphase verschafft dem Interessenten einen ausführlichen Überblick. Alle Leistungen inklusive PDF-Reports kosten monatlich nur 99 Euro bei monatlich kündbarer Mitgliedschaft.

Abb. 4.6: SEO-Tool XOVI (Quelle: Xovi.de)

Zielgruppe:

⇨ Webmaster

⇨ Shopbetreiber

⇨ SEM- und SEO-Agenturen

⇨ Suchmaschinenoptimierer

⇨ Kunden von SEO- und SEM-Agenturen

⇨ Entscheider im Onlinemarketingbereich

⇨ Startups

SISTRIX

Mit SISTRIX, einem der bekanntesten SEO-Tools der Branche, lassen sich Werte aus der Vergangenheit zurückverfolgen, aktuelle Trends sowie SEO- und SEM-Maßnahmen erkennen und Analysen durchführen. Damit werden Sie sicherer beim Linkaufbau. Die SISTRIX Toolbox ist international ausgerichtet für Länder wie die USA, Frankreich, England oder Spanien sowie weitere. Ohne Aufpreis lassen sich die ausländischen Märkte über die Toolbox vergleichen. Manche Daten werden täglich aktualisiert, um immer auf dem neuesten Stand zu bleiben. Die Toolbox ist in fünf Module aufgeteilt. SEO, SEM, Universal Search, Links und Monitoring sind die Modulvarianten bei SISTRIX. Der Preis pro Modul liegt bei 100 Euro monatlich. Rabatte werden bei einer Buchung von mehreren Modulen angeboten. Zum Ende des jeweiligen Folgemonats kann gekündigt werden. Testphasen sind für Neulinge ebenfalls möglich.

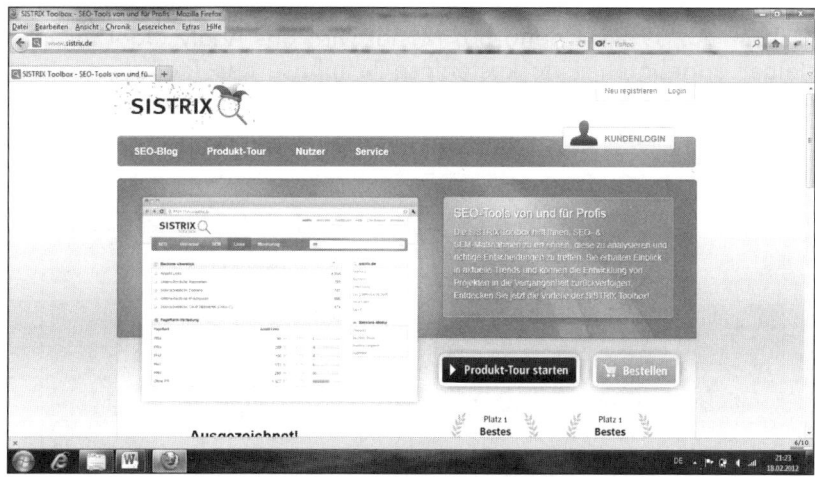

Abb. 4.7: SEO-Tool SISTRIX (Quelle: Sistrix.de)

Zielgruppe:

⇨ SEO- und SEM-Agenturen national und international

⇨ Suchmaschinenoptimierer

⇨ Webmaster

⇨ Shopbetreiber

⇨ Geschäftsführer

⇨ Entscheider im Bereich Onlinemarketing

SEOlytics

SEOlytics bietet umfangreiche Optimierungsmöglichkeiten einer Webseite an. Planung, Erfolgskontrolle und Durchführung von SEO-Kampagnen sind mit aktuellen Daten des Anbieters möglich. Bis zu zehn Wettbewerber sind parallel vergleichbar. Alle Aktivitäten können in 19 Ländern tagesaktuell überwacht werden. Eine detaillierte Überprüfung der Backlinkstruktur sowie Social-Media-Überwachung sind inbegriffen. Durch die Anzeige wichtiger Keywords lassen sich für Seitenbetreiber und Suchmaschinenoptimierer neue Ideen entwickeln. Ab 39 Euro netto pro Monat wird das Analysetool für Einsteiger angeboten. Eine kostenlose Testphase des Tools ermöglicht Interessierten erste Einblicke. SEOlytics sorgt für Innovation.

Abb. 4.8: SEO-Tool SEOlytics (Quelle: SEOlytics.de)

Zielgruppe:

➪ SEO-Manager

➪ Einzelpersonen

➪ Onlinemarketingagenturen

➪ Shopbetreiber

➪ Webmaster

Searchmetrics

Searchmetrics Suite beinhaltet verschiedene SEO-Toolkomponenten. Der Bereich „Social" ist im Tool schon integriert, um die genaue Anzahl der Nennungen auf Facebook, Google+ und Twitter zu erkennen. Die sozialen Netzwerke können mit direkter Erfolgsmessung miteinander verglichen werden. Damit liegt das Tool voll im Trend der „Social Signals". Konkurrenzanalysen, Reports und Backlinkchecks gehören zum Portfolio von Searchmetrics. Selbst der bekannte SEO-Experte Prof. Dr. Mario Fischer vergibt ein starkes Feedback an dieses Tool. Der Preis für Searchmetrics Suite beginnt bei 398 Euro für die Basic-Version.

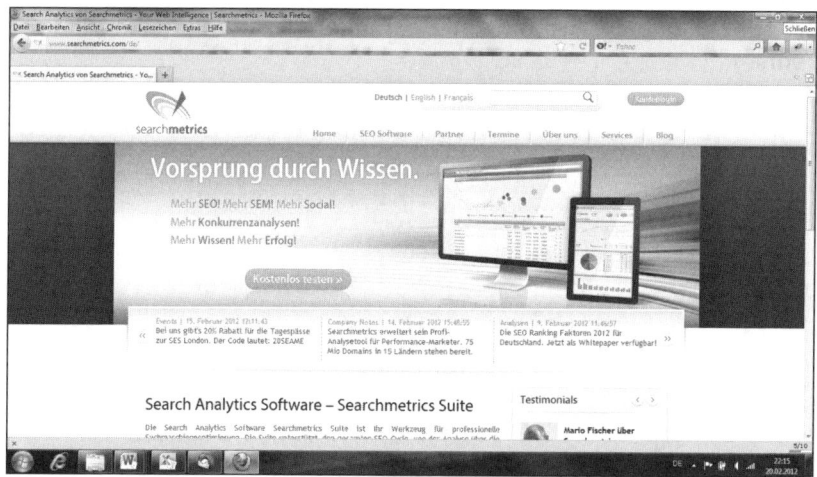

Abb. 4.9: Searchmetrics Suite (Quelle: Searchmetrics.com/de)

Zielgruppe:

⇨ Agenturen

⇨ Inhouse-SEOS

⇨ Onlinemarketer

⇨ Geschäftsführer

Wichtige Funktionen und Parameter für den Linkaufbau unter der Lupe

Sichtbarkeitsindex

Bei XOVI nennt sich der Wert Sichtbarkeitsindex OVI (Online Value Index). Der Wert spiegelt die Qualität der Keywords in Verbindung mit den Rankings wider. Je höher der Wert liegt, umso besser ist die Sichtbarkeit einer Internetseite in den Suchmaschinen. Der OVI-Wert wurde von XOVI selbst konzipiert. In der Grafik im Beispiel lässt sich die Entwicklung der Sichtbarkeit über einen bestimmten Zeitraum erkennen.

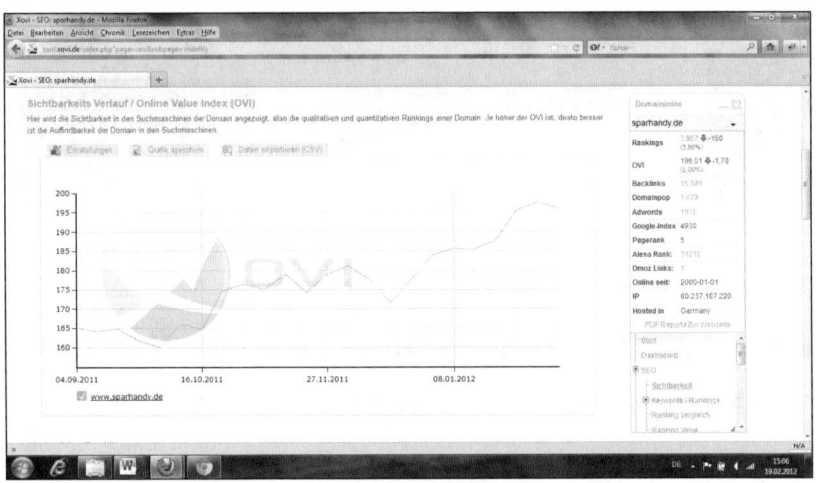

Abb. 4.10: Beispiel Sichtbarkeit der Internetseite Sparhandy.de (Quelle: Xovi.de)

Anzahl der Links, Domainpop, IP-Pop, Class-C

Die Anzahl der Links hat zwar an Bedeutung verloren, gilt aber dennoch als wichtigster Rankingfaktor. Das heißt nicht, dass je mehr Backlinks man hat, man umso besser rankt. Die Qualität der Backlinks spielt eine große Rolle. Das folgende Beispiel zeigt eine Auswertung von SISTRIX, wobei sich auf einen Blick mehrere wichtige Werte erkennen lassen. Im Beispiel beträgt die Linkanzahl 43.659 und die Anzahl der unterschiedlichen Domains 137 sowie 74 unterschiedliche IP-Adressen.

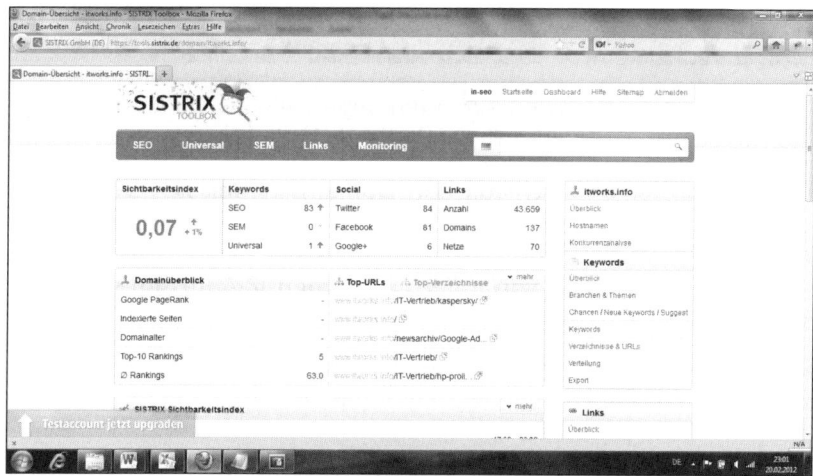

Abb. 4.11: Beispiel Internetseite Itworks.info mit dem Wert „Anzahl der Links" (Quelle: Sistrix.de)

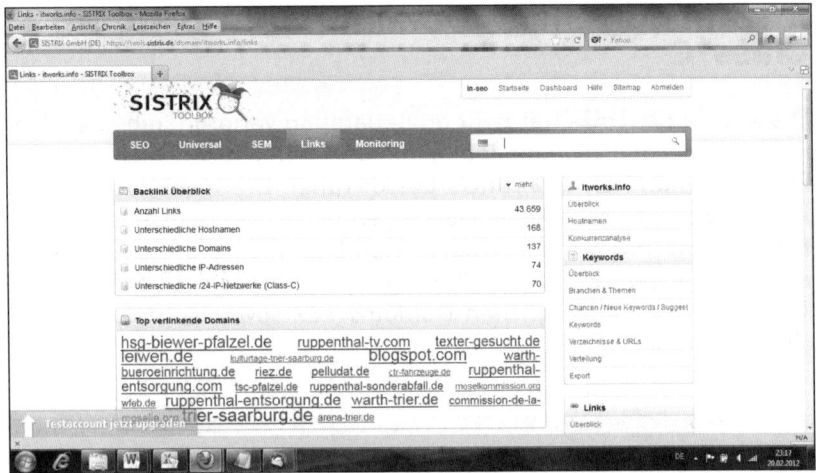

Abb. 4.12: Beispiel Itworks.info mit unterschiedlichen Domains und IP-Adressen (Quelle: Sistrix.de)

Die Anzahl der unterschiedlichen Domains nennt sich *Domainpop* und die Anzahl der unterschiedlichen IPs *IP-Pop*. Ein weiterer Wert ist noch *Unterschiedliche /24-IP-Netzwerke (Class-C)*. Das heißt, es kommt vor, dass Links von unterschiedlichen IP-Adressen stammen, sich aber im gleichen Netzwerk befinden.

Die Anzahl der unterschiedlichen IP-Adressen ist hinsichtlich SEO in Bezug auf das Ranking ein wichtiger Faktor.

Rankings und Keywords

SEOlytics zeigt hier im Beispiel einige Rankings der Firma Luxswiss. Der Onlineshop beschäftigt sich mit Schweizer Messern und Uhren. Auch Rankings, die sich noch nicht im Bereich der Top Ten oder Top 20 bewegen, bieten dem SEO oder Webmaster die Chance, interessante Keywords zu erkennen und zu optimieren. Die Abbildung zeigt z.B. die Suchbegriffkombination „Schweizer Uhren", die sich für diesen Onlineshop lohnt zu optimieren.

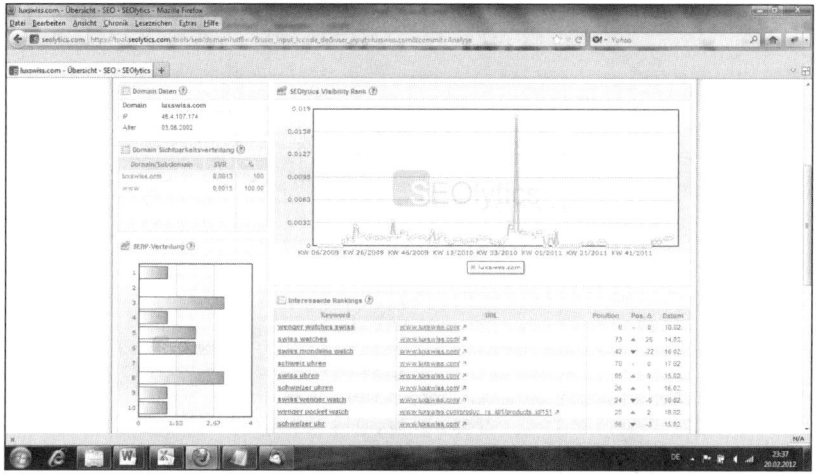

Abb. 4.13: Beispiel einiger Rankings der Webseite Luxswiss.com (Quelle: Searchmetrics.com/de)

Social Links und Visibility

Seit Kurzem gehören Links aus sozialen Netzwerken zu den Ranking-faktoren. Zukünftig werden sich die Aktivitäten sozialer Netzwerke wie Twitter, Facebook, Google+ und Co. wahrscheinlich noch stärker auf das Ranking einer Webseite auswirken. Matt Cutts vom Google-Spam-Team bestätigte die Wirkung sozialer Netzwerke auf das Ranking. Google+-Aktivitäten sind mittlerweile ein fester Bestandteil der Webmaster-Tools von Google.

Das Tool von Searchmetrics kann bis ins kleinste Detail die Entwicklung sozialer Netzwerke anzeigen. Im Beispiel finden Sie einen kleinen Auszug, in dem gezeigt wird, wie gut die getestete Webseite bei Twitter, Facebook und Google+ ankommt. In der Detailansicht des Tools können weitere Daten wie z.B. Anzahl und Entwicklung der Links im Detail entnommen werden.

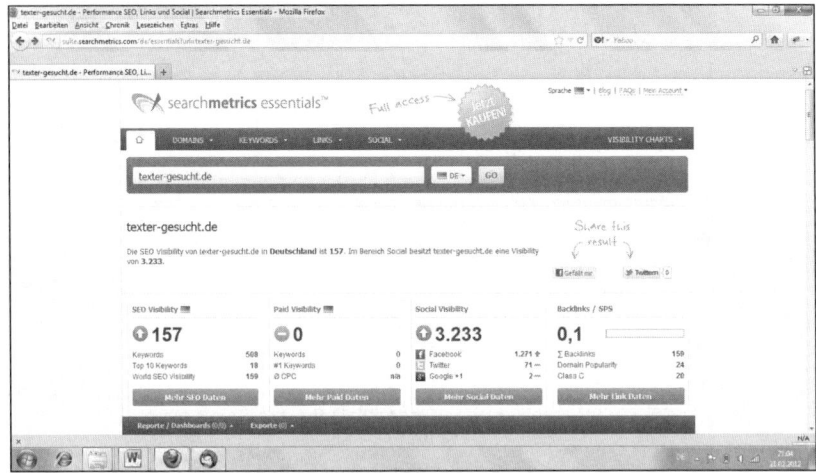

Abb. 4.14: Beispiel für Social-Media-Aktivitäten der Webseite Texter-Gesucht.de (Quelle: Searchmetrics.com/de)

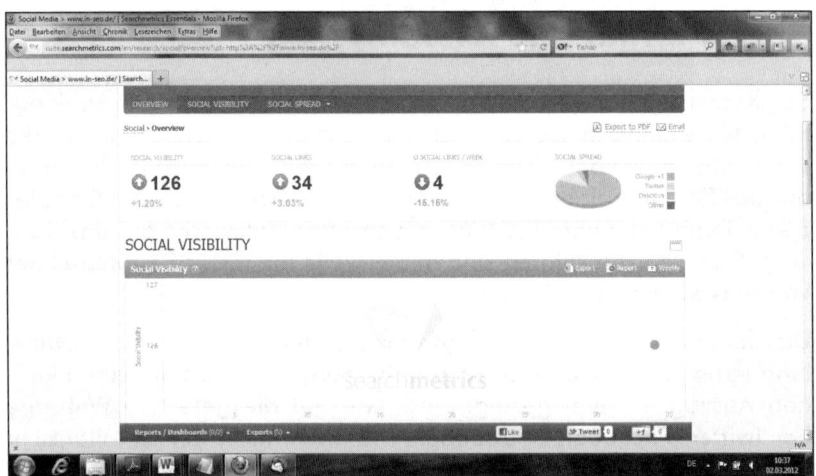

Abb. 4.15: Detailansicht Social-Media-Aktivitäten (Quelle: Searchmetrics.com/de)

Rankingfaktoren – wissen, worauf es ankommt

Folgende Faktoren wirken sich auf das Ranking aus:

⇨ Anzahl der Backlinks

⇨ Zusammenspiel von Title, Description und Content

⇨ Interne Verlinkung

⇨ Name der Webseite (Keyworddomain)

⇨ Keyword in der URL

⇨ Keyword im Domainnamen

⇨ Domainalter

⇨ Ladezeit (Pagespeed)

⇨ Inhalt der Webseite (Content)

⇨ Anchor-Text der eingehenden Links

⇨ Trust und Stärke der eingehenden Links

⇨ Struktur der Webseite

⇨ Soziale Netzwerke

Anzahl der Backlinks

Backlinks sind immer noch der wichtigste Faktor für das Ranking bei Google. Eine gute Mischung der Links ist zu berücksichtigen. Nicht nur Links mit Dofollow-Attribut sollten gesetzt werden. Die Keywords, unter denen man gefunden werden möchte, sollten im verlinkten Text bzw. in der Keywordphrase auftauchen. Der Linkaufbau muss natürlich verlaufen und darf nicht zu häufig mit dem gleichen Keyword durchgeführt werden. Auch Stopwords (Wörter, die Suchmaschinen ignorieren) können mal verlinkt werden.

Zusammenspiel von Title, Description und Content

Der Titel einer Webseite ist optimal gewählt, wenn er nicht zu lang ist. Der Titel und die Beschreibung sollten prägnant sein, die Inhalte der Seite mit Aussagekraft widerspiegeln und dazu auch Sinn ergeben. Nur Großbuchstaben oder Wortwiederholungen sind nicht empfehlenswert. Die optimale Titellänge liegt bei 64 bis 66 Zeichen. Die Beschreibung (Description) liegt mit 160 bis 180 Zeichen im optimalen Bereich.

Interne Verlinkung

Es ist sinnvoll, innerhalb der Webseite die Unterseiten aus dem Text heraus mithilfe des Title-Attributs zu verlinken. Das heißt, wenn Sie aus dem Text die Schlüsselwortkombination „Adidas Turnschuhe" auf eine Unterseite Ihres Shops verlinken, ist es sinnvoll, wenn die Ziel-URL *www.ihr-shop.de/adidas-turnschuhe* lautet und der Benutzer über diesen Link auch Adidas-Turnschuhe findet.

Name der Webseite

Der Name der Webseite bleibt nach wie vor wichtig. Offiziell wurde zwar angekündigt, dass die sogenannte *Keyworddomain* an Bedeutung verliert, aber jüngste Untersuchungen von Experten weisen gute Rankings von Keyworddomains nach. URLs und Webseiten werden nachweislich besser in den Suchmaschinen aufgefunden, wenn Keywords enthalten sind.

Domainalter

Auch das Alter einer Domain ist nach wie vor ein Rankingfaktor.

Ladezeit einer Seite

Die Pagespeed ist laut Matt Cutts, dem Leiter des Google-Spam-Teams, ein Rankingfaktor. Dies wurde erst vor Kurzem bekannt gegeben.

Inhalt der Webseite

Qualität und Inhalte sowie die Länge der Texte wirken sich auf das Ranking aus.

Anchor-Text der eingehenden Links

Die Ankertexte der eingehenden Links spielen für die Auffindbarkeit unter bestimmten Suchbegriffen eine wichtige Rolle.

Trust und Stärke der eingehenden Links

Webseiten, denen Google vertraut, die über viele starke themenrelevante Links oder Links aus dem Bereich Bildung verfügen, sorgen wiederum für Trust und Ranking Ihrer Seite, wenn sie von dort aus verlinkt wird.

Struktur der Webseite

Der gesamte Aufbau sowie die Struktur der Internetseite inklusive Menüführung, HTML- und XML-Sitemap gehören zur guten Onpage-Optimierung. Diese rundet das Gesamtprofil der Seite ab und lässt sie besser ranken.

Soziale Netzwerke

Dass Aktivitäten sozialer Netzwerke sich auf das Ranking auswirken können, ist kein Geheimnis. Die Analysierung der genauen Auswirkungen befindet sich noch in einer Entwicklungsphase. Der Trend geht ganz klar in Richtung soziale Netzwerke.

Unerlaubte Links und Black-Hat-SEO an bestimmten Strukturen früh erkennen

Google hat die Richtlinien mit dem Panda-Update und mehreren Algorithmusänderungen etwas angezogen. Zukünftig werden Black-Hat-Methoden höchstwahrscheinlich einfacher und schneller aufgedeckt werden können. Die Qualitätsansprüche zum Erzielen eines guten Rankings steigen.

Zu den Black-Hat-Methoden zählen:

⇨ *Stapelung von Schlüsselwörtern* (Keyword Stuffing) wird immer noch im Web verwendet. Dies bedeutet eine Wiederholung von Keywords in großer Menge, die häufig untereinander stehen, ohne dass es einen gewissen Sinn ergibt. Solche Seiten sind zugestopft mit diversen Schlüsselwörtern. Dadurch erhofft sich der Webmaster ein besseres Ranking.

⇨ *Cloaking* ist eine Methode, bei der der Suchmaschine eine andere Internetpräsenz gezeigt wird als dem User. Das heißt, der Googlebot schaut vorbei, um die Seite zu indexieren, und findet eine ganz andere Seite vor als der Nutzer selbst.

⇨ *Brückenseiten* sind eine weitere Black-Hat-Methode, bei der eine separate Internetseite ohne eigene Inhalte angelegt wird, die den Eingang zu einer anderen Webseite darstellt. Der User gelangt praktisch erst durch die *Doorway Page* auf die eigentliche Webseite.

⇨ *Invisible Text* ist versteckter Text, der vom User nicht gesehen wird, aber durch die Suchmaschinenroboter im Quellcode lesbar ist. Ziel ist es, durch die Auslesung des Textes besser gefunden zu werden.

Besser White-Hat-SEO als alles übers Knie brechen – White-Hat- versus Black-Hat-SEO

Eine andere Bezeichnung für erlaubte Methoden der Suchmaschinenoptimierung ist White-Hat-SEO. Viele Webmaster sind ungeduldig und suchen im Internet nach günstigen Möglichkeiten, eine Webseite möglichst schnell bei Google nach vorn zu bringen. Sie gehen auf die Suche und finden immer noch Methoden, die kurzfristig einer Internetseite eine bessere Position verschaffen können. Angepriesen werden Methoden mit 1.000 Katalogeinträgen oder Forenlinks innerhalb von drei Tagen für einen geringen Betrag. Manchmal werden sogar Einträge mit unterschiedlichen Titeln und Beschreibungen versprochen. Nach Bezahlung legt der selbst ernannte Optimierungsservice dann los. Die Webseite landet schneller in der Sandbox als erwartet. Auf einmal sind Sie nicht mehr im Index bei Google zu finden oder Sie werden um einige Plätze zurückgestuft.

Wenn die finanziellen Mittel in der Anfangszeit nicht ausreichen, lassen sich einige Maßnahmen zur Verbesserung der Rankings eigenhändig durchführen. Nur wenige Eintragungen in Webkataloge oder Artikelverzeichnisse pro Tag sind sinnvoll. Mit einer Stunde Suchmaschinenoptimierung am Tag lassen sich regional manchmal innerhalb von drei Monaten passable Ergebnisse erzielen. Dies ist abhängig davon, wie stark ein Suchbegriff umkämpft ist. Ein zu schneller Linkaufbau sorgt für eine Abstrafung durch Google. Damit hat man nichts gewonnen.

Eintragungsservices sind nur dann sinnvoll, wenn der Titel und die Beschreibung bei der Eintragung immer individuell gestaltet werden.

Die Verteilung der Eintragungen sollte über mehrere Wochen erfolgen. Der Service ist vertretbar, wenn z.B. drei bis fünf Einträge am Tag durchgeführt werden.

TIPP

Lassen Sie sich immer einen Report mit den genauen Links der Eintragungen senden und überprüfen Sie noch mal alles.

Bevor ein Link gesetzt wird, dem Linktauschpartner auf den Zahn fühlen

Wenn Sie sich ein paar Monate lang intensiv mit dem Handwerk SEO beschäftigt haben, wird man Ihre Seite unter bestimmten Suchbegriffen bei Google finden. Menschen mit gleichem Interesse kommen auf Sie zu und fragen nach einem Linktausch.

Schauen Sie sich lieber eine Webseite mindestens zweimal an, bevor Sie eine Linkpartnerschaft eingehen. Ohne kostenpflichtige Tools ist es schwieriger, eine Seite zu überprüfen, aber dennoch möglich.

Rankingcheck

Auf der Webseite Semager.de finden Sie ein kostenloses Tool, mit dem Sie ein paar Rankings einer Webseite ermitteln können. Dies hilft zu erkennen, ob Ihr zukünftiger Linkpartner über Rankings im gleichen Themenumfeld verfügt.

Im Beispiel lässt sich erkennen, dass diese Webseite über Rankings in den Top 100 von Google verfügt. Weitere kostenlose Tools finden Sie weiter vorn in diesem Kapitel.

Auf Dauer gesehen sind kostenpflichtige Tools unerlässlich. In der Startphase empfiehlt es sich, alle bekannten Tools für einen bestimmten Zeitraum zu testen und sich dann erst festzulegen.

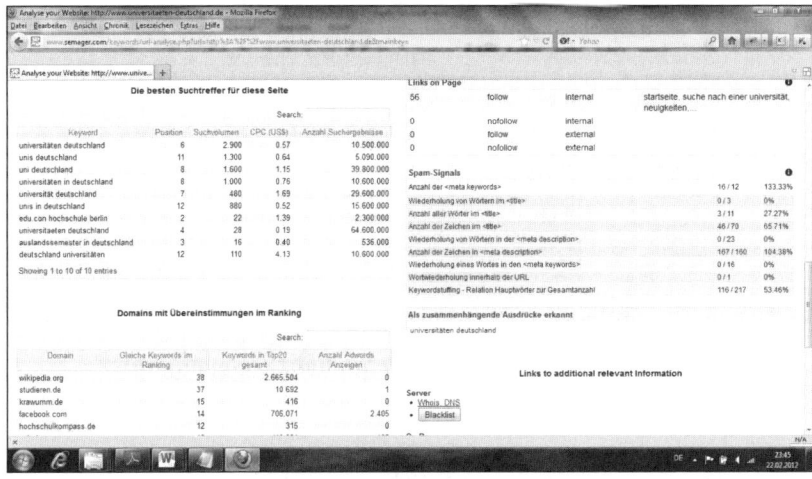

Abb. 4.16: Beispiel Rankingcheck der Webseite Universitaeten-Deutschland.de (Quelle: Semager.de)

Kein Linktausch ohne Prüfung, ob Ihr Link online bleibt

Geben Sie von Anfang an jeden einzelnen Link in eine Software ein, die automatisch überprüft, ob Ihr Link noch online ist. Für den Anfänger eignet sich die Software Linktausch pro, die auf der Webseite *http://www.in-mediakg.de/software/linktausch/backlink-checker.shtml* für einen einmaligen Preis von 24,95 Euro zu finden ist.

Für fortgeschrittene Suchmaschinenoptimierer bieten die meisten Toolanbieter eine Linktauschsoftware im Rahmen der Onlinetoolnutzung an.

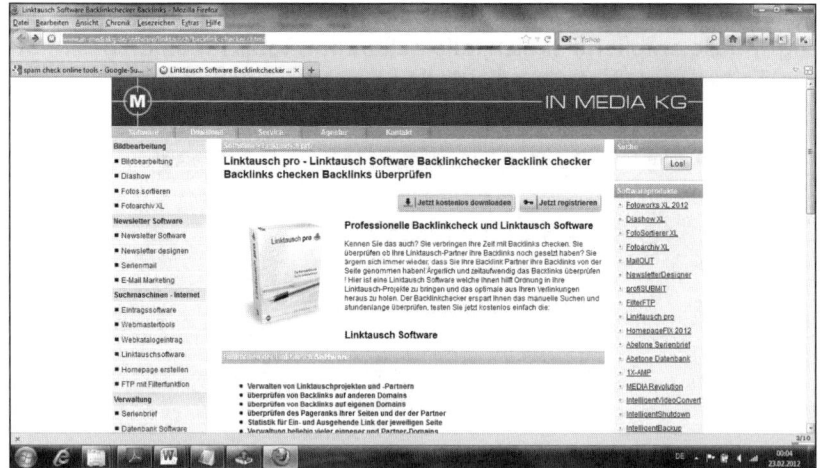

Abb. 4.17: Linktausch pro (Quelle: In-meiakg.de)

Backlink-Spinne als Alternative

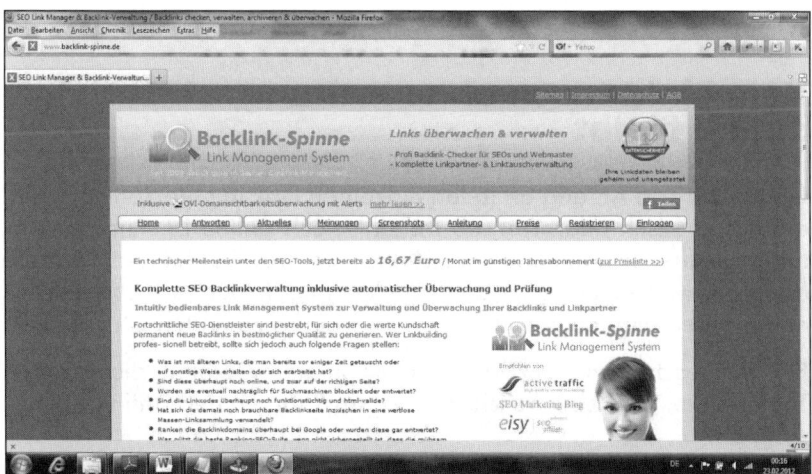

Abb. 4.18: Backlink-Spinne (Quelle: Backlink-Spinne.de)

Ein weiteres Tool für den professionellen Einsatz der Backlinkverwaltung ist die Backlink-Spinne. Automatisch werden nicht mehr funktionsfähige Links gemeldet. Der Fehler kann via Knopfdruck direkt per Mail an den Partner mitgeteilt werden. Projekte können nach Kundennamen oder Domains angelegt werden. Die Werte der Rankings von Zieldomains werden aufgezeichnet und per Diagramm dargestellt. Unter *http://www.backlink-spinne.de/* finden Sie das nützliche Tool.

Mit Google Webmaster-Tools sehen, woher die Kunden kommen, und neue Quellen erkennen – mehr Kundschaft und mehr Umsatz generieren

Lassen Sie sich direkt nach Erstellung der Webseite von Ihrem Webmaster bei Google Webmaster-Tools und Google Analytics anmelden. Diese Anmeldungen bedürfen einer Integration.

Möglichkeiten der Anmeldung bei Webmaster-Tools

Sie können entweder eine Datei von Google auf den Server hochladen oder einen Code in den Kopfbereich des HTML-Codes implementieren oder weitere Methoden verwenden, um die Eigentümerschaft bei Google überprüfen zu lassen.

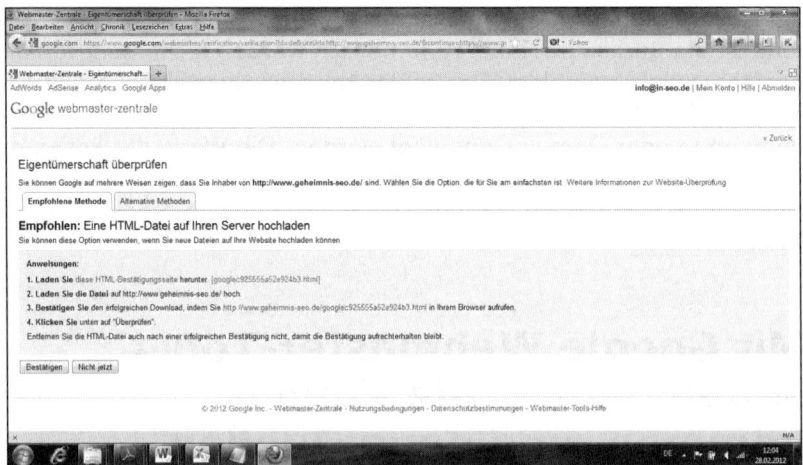

Abb. 4.19: Überprüfen der Eigentümerschaft (Quelle: Google.de)

Die Methoden werden bei Google verständlich dargestellt. Wenn Sie sich für eine Methode entschieden haben, klicken Sie auf *Bestätigen* – und schon funktioniert Webmaster-Tools. Es kann jedoch ein paar Tage dauern, bis die ersten Statistiken aufrufbar sind.

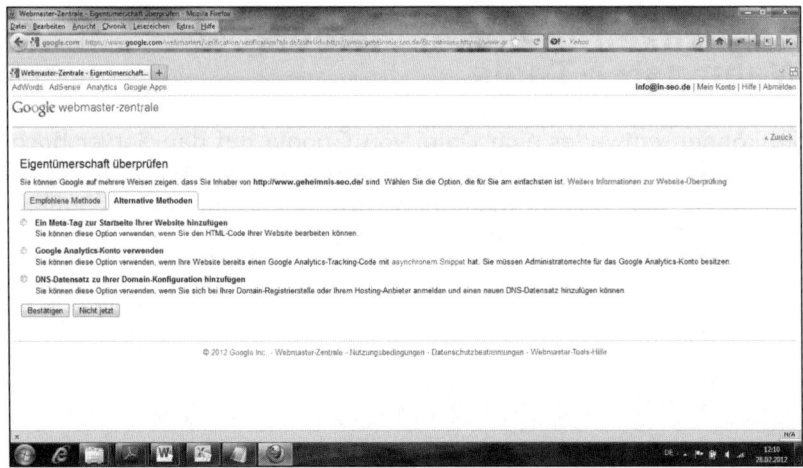

Abb. 4.20: Weitere Methoden zum Überprüfen der Eigentümerschaft (Quelle: Google.de)

Ihre Seite im Web

Webmaster-Tools bietet verschiedene Statistiken, die zur Suchmaschinenoptimierung genutzt werden können. Nach einiger Zeit finden Sie unter dem Punkt *Ihre Website im Web* Rankings der einzelnen Keywords mit der durchschnittlichen Platzierung. Suchanfragen, Impressionen und Klicks werden ebenfalls eingespielt.

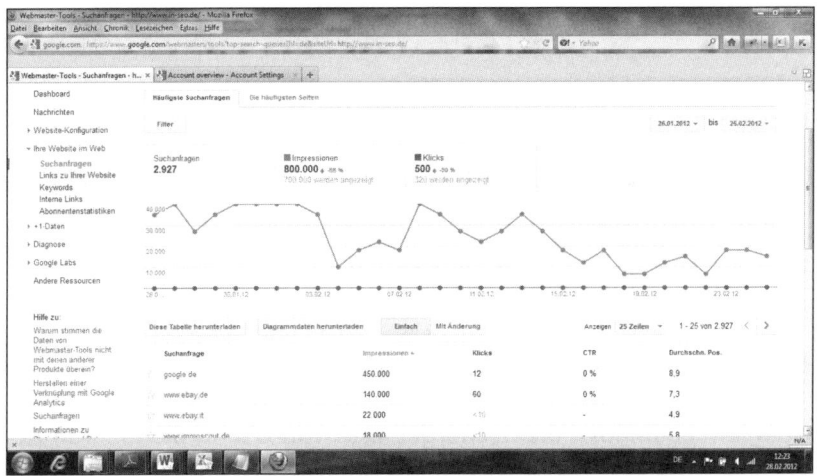

Abb. 4.21: Webmaster-Tools mit den Suchanfragen (Quelle: Google.de)

Links und Anchor-Texte Ihrer Seite

Unter der Rubrik *Links zu Ihrer Website* sind Linkquellen aufgelistet. Unter *Mehr* können die genauen URLs angeschaut und in einer Tabelle heruntergeladen werden. Interne Links oder Ankertexte sind unter weiteren Unterpunkten ersichtlich.

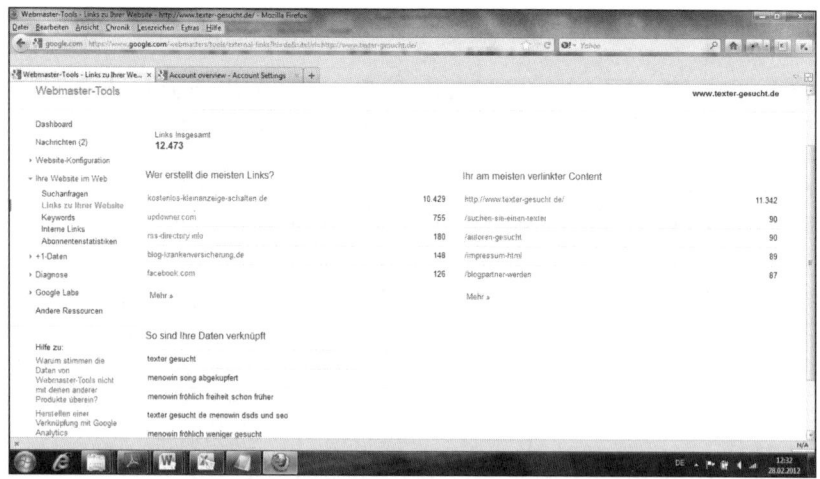

**Abb. 4.22: „Links zu Ihrer Webseite" in den Webmaster-Tools
(Quelle: Google.de)**

Google+ in den Webmaster-Tools

Google+ beeinflusst die Suchergebnisse von Usern, die in ihren Account bei Google+ eingeloggt sind und schon einmal ein Plus für eine Webseite vergeben haben. Ein Beispiel: User Andi Schmidt hat sich für den neuen Friseur Meyer in Bremerhaven interessiert und besuchte die neue Webseite. Diese gefiel ihm so gut, dass er auf der Friseurseite den +1-Button anklickte. Der Friseur steht normalerweise in den organischen Suchergebnissen von Google auf Platz 8. Nach einer Woche erinnert sich Andi an den Friseur und geht wieder auf die Suche bei Google. Er ist eingeloggt bei Google+ und gibt Friseur Bremerhaven ein. Durch die Aktivierung des +1-Buttons ist die Seite nun bei Andi etwas höher im Ranking zu finden als Platz 8. Somit war die Integration des +1-Buttons für den Friseur nützlich. Solche Aktivitäten finden Sie in den Webmaster-Tools unter +1-Daten. Zukünftig wäre es denkbar, dass sich diese Aktivitäten auch auf die organische Suche auswirken.

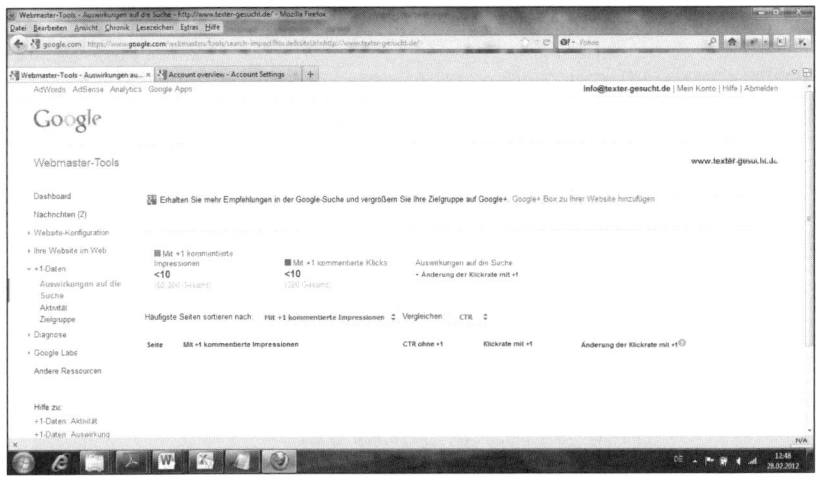

Abb. 4.23: Google+ in den Webmaster-Tools (Quelle: Google.de)

Google Analytics

Google Analytics verschafft Ihnen einen Überblick über die Anzahl der Besucher Ihrer Webseite. Statistiken bis ins Detail sind hier verfügbar. Seitenaufrufe, eindeutige Besucher, Anzahl der besuchten Unterseiten, Besucherzeit und Absprungrate verraten viel über das Besucherverhalten. Diese und viele weitere Informationen sind kostenlos über Analytics einzusehen. Nach einiger Zeit kann die Entwicklung überprüft werden, woran Sie deutlich erkennen, wie viel Zeit ein Leser auf Ihrer Webseite verbringt. Diese Zahlen sind für einen Unternehmer von großer Bedeutung.

Ersichtlich ist, ob der Besucher über die organische Suche, Werbeanzeigen oder verlinkte Webseiten zu Ihnen kommt. Dadurch sind Budgetverteilung und die Übersicht der Ausgaben für die einzelnen Bereiche wie SEO, SEM oder sonstige Werbung einfacher zu planen. Sie investieren mehr in die Quellen, die bereits für viele Besucher gesorgt haben. Die genaue Anzahl der Besucher inklusive URL ist ersichtlich. Machen Sie sich mit Google Analytics und Webmaster-Tools vertraut. Es lohnt sich in jedem Fall!

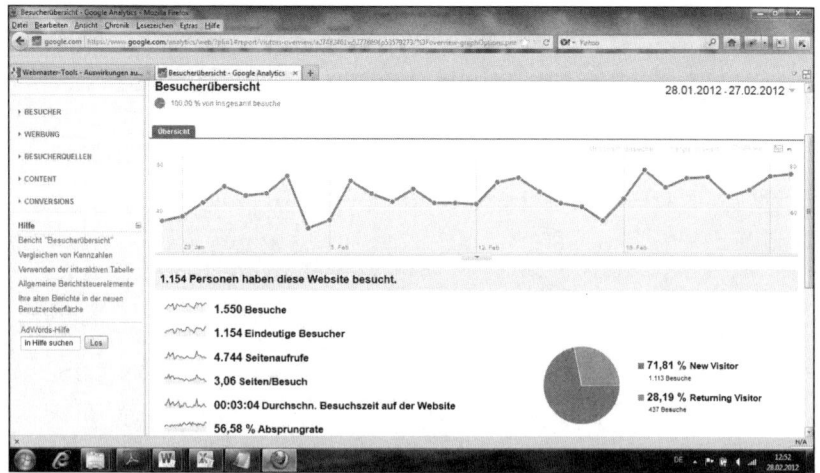

**Abb. 4.24: Details der Besucherquellen in Google Analytics
(Quelle: Google.de)**

5 Suchmaschinen-marketing

Google AdWords – einfach starten mit Werbung zum halben Preis

Warum überhaupt Werbung bei Google schalten?

Dafür gibt es viele Gründe. Wenn Ihre Webseite online geht, werden Sie nicht sofort in den Top Ten von Google unter den organischen Suchergebnissen landen. Auch wenn die eigene Webseite gut platziert ist, bietet AdWords viele Möglichkeiten an, neue Kunden zu generieren. Nach Fertigstellung der Internetseite sollten Sie sofort mit der Account-Erstellung bei Google AdWords loslegen. Da Sie im Rahmen der Suchmaschinenoptimierung sowieso ein Google-Konto eröffnen, ist es sinnvoll, alle Google-Services mit den gleichen Nutzerdaten anzumelden. Places, Google+, Webmaster-Tools, Analytics, AdWords oder auch AdSense sind Services, die einen großen Mehrwert für Unternehmer darstellen. Die Ausgaben können vor der Anzeigenschaltung festgelegt werden. Eine Einzugsermächtigung ist nicht erforderlich. Manuelle Überweisung über Giropay ist möglich.

Anmeldung bei AdWords über adwords.google.de

Klicken Sie unten im Startbildschirm auf *Jetzt anmelden*. Danach folgen Sie den weiteren Anweisungen. Wenn schon ein Google-Konto für Google+ oder einen anderen Service angelegt wurde, können Sie sich mit den gleichen Daten bei AdWords anmelden.

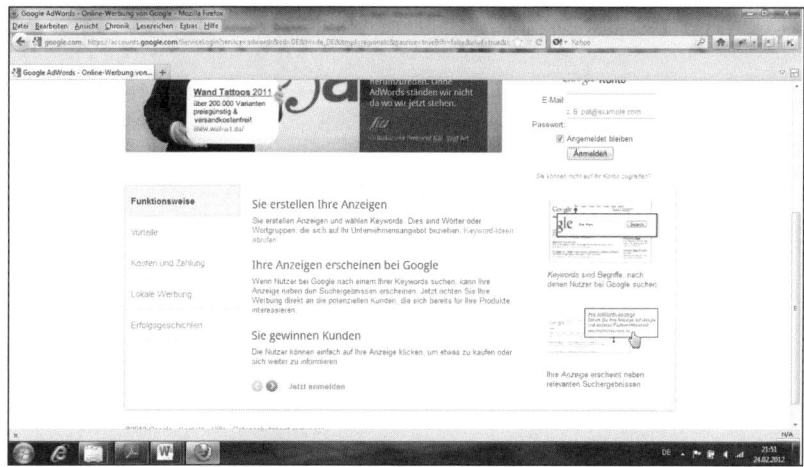

Abb. 5.1: Anmeldung bei AdWords starten (Quelle: Google.de)

Nach Abschluss der ersten Schritte erhalten Sie eine E-Mail von Google zur Account-Bestätigung. Wenn der Account verifiziert ist, loggen Sie sich mit Ihren Benutzerdaten ein. Bevor Sie eine Werbekampagne anlegen, benötigt Google Zahlungsdetails. Um diese einzupflegen, klicken Sie auf *Abrechnung* und dann auf *Abrechnungseinstellungen*.

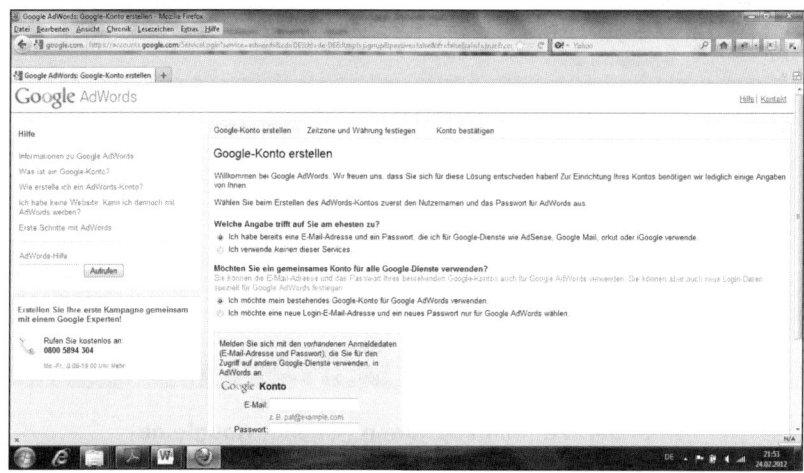

Abb. 5.2: AdWords-Konto erstellen (Quelle: Google.de)

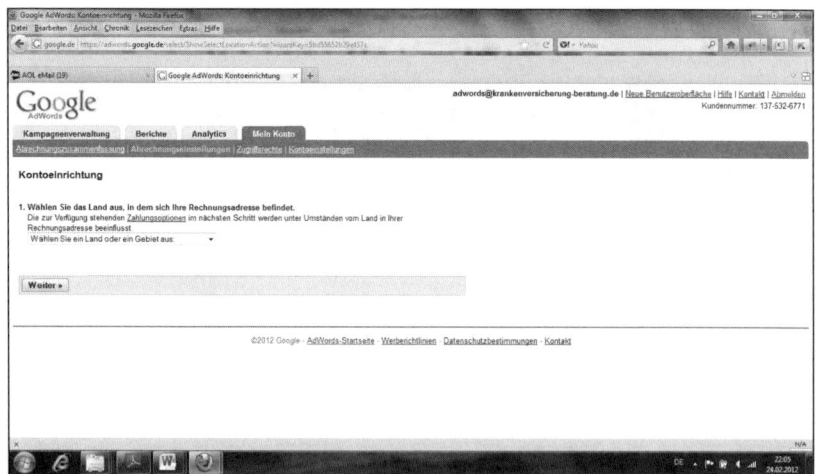

Abb. 5.3: Kontoeinrichtung starten (Quelle: Google.de)

Folgen Sie der Anleitung, bis Sie zu den Zahlungseinstellungen gelangen. Dort klicken Sie auf *Manuelle Zahlung*.

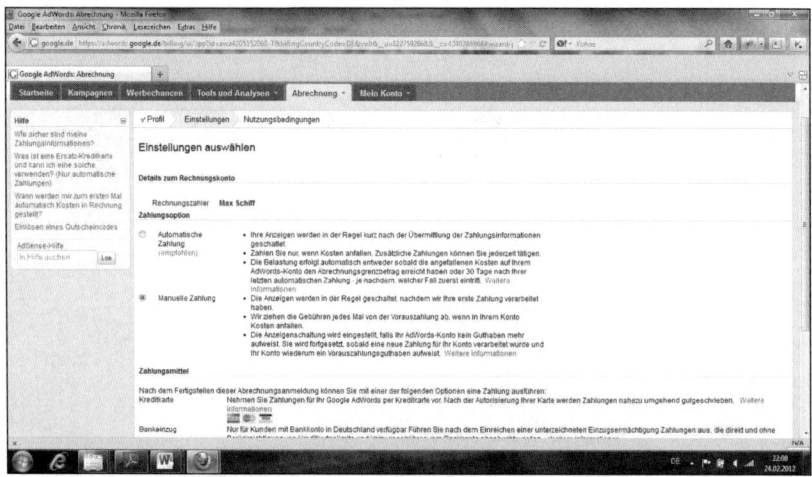

Abb. 5.4: Zahlungsoptionen (Quelle: Google.de)

Anschließend bestätigen Sie noch die AGB von Google. Davnach klicken Sie unter *Abrechnung* den Punkt *Abrechnungseinstellungen* an.

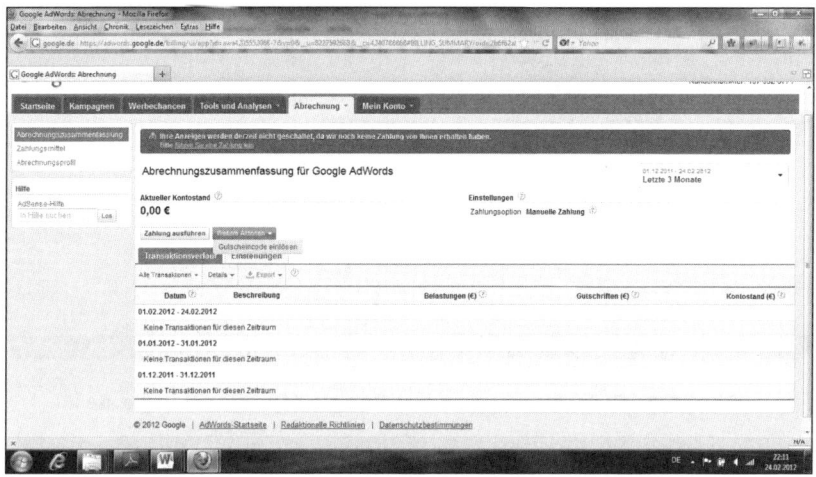

Abb. 5.5: Abrechnungsinfos (Quelle: Google.de)

Beim Unterpunkt *Weitere Aktionen* besteht die Möglichkeit, einen Gutscheincode einzugeben.

Woher bekommt man einen Gutscheincode für Google AdWords?

Häufig bietet Google selbst Gutscheine unter *http://www.adwords-starthilfe.de/gutschein/* an (siehe Abbildung 5.6).

Sollte die Aktion von Google nicht laufen, finden sich im Internet fast immer Alternativen wie z.B. auf eBay.de. Gutscheine im Wert von 100 Euro kosten bei eBay.de derzeit unter 10 Euro. Wenn Sie einen Gutschein über eBay erwerben möchten, zahlen Sie am besten mit PayPal, um Käuferschutz zu genießen. Dadurch ist gesichert, dass Sie Ihr Geld zurückbekommen, falls der Gutschein nicht funktioniert. Der Gutschein gilt nur für Neukunden bei AdWords (siehe Abbildung 5.7).

Abb. 5.6: Gutscheinaktion bei Google (Quelle: Google.de)

Abb. 5.7: Gutschein über eBay erwerben (Quelle: eBay.de)

Ausgaben im Auge behalten: Statistik führen und AdWords gezielt einstellen

Kampagne starten

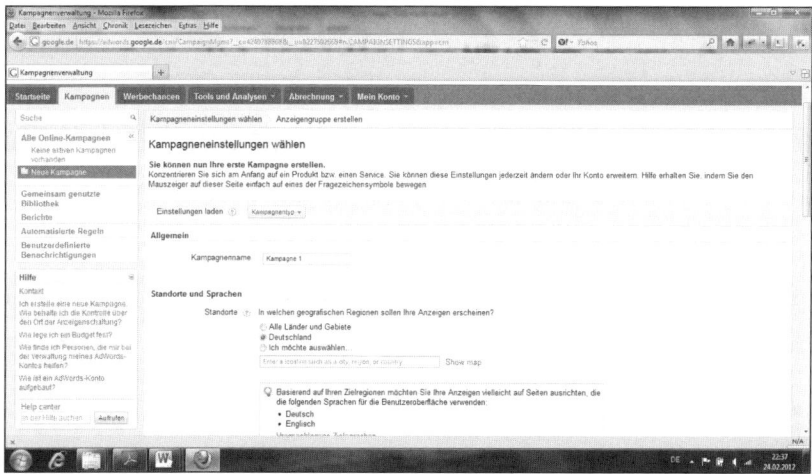

Abb. 5.8: Kampagneneinstellungen festlegen (Quelle: Google.de)

Sie klicken auf *Kampagne* und folgen den einzelnen Einstellungen. Um das Budget anfänglich unter Kontrolle zu halten, ist eine Einstellung einer manuellen Budgetfestlegung zu empfehlen (siehe Abbildung 5.9).

Bei der ersten Kampagne ist ein überschaubares Budget zwischen 5 und 10 Euro pro Tag sinnvoll. Das Standardgebot sollte für den ersten Testlauf mit 1 Euro festgelegt werden. Diese Einstellungen können jederzeit geändert werden. Anschließend können Sie Ihre individuelle Kampagne frei gestalten (siehe Abbildung 5.10).

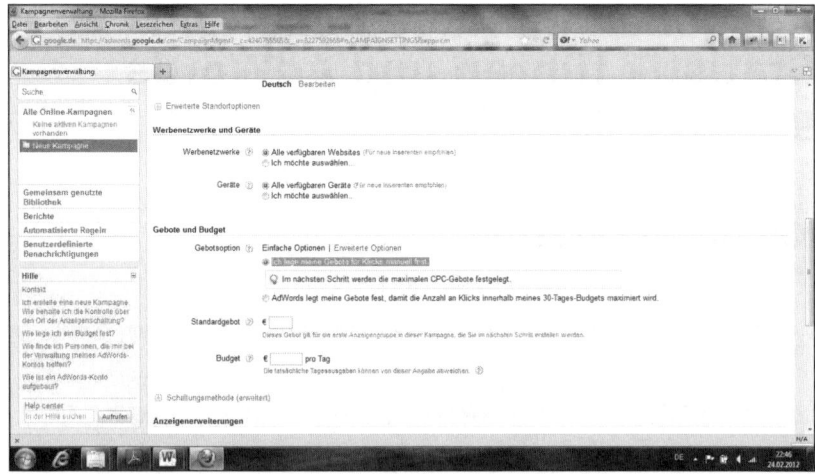

Abb. 5.9: Budgetfestlegung (Quelle: Google.de)

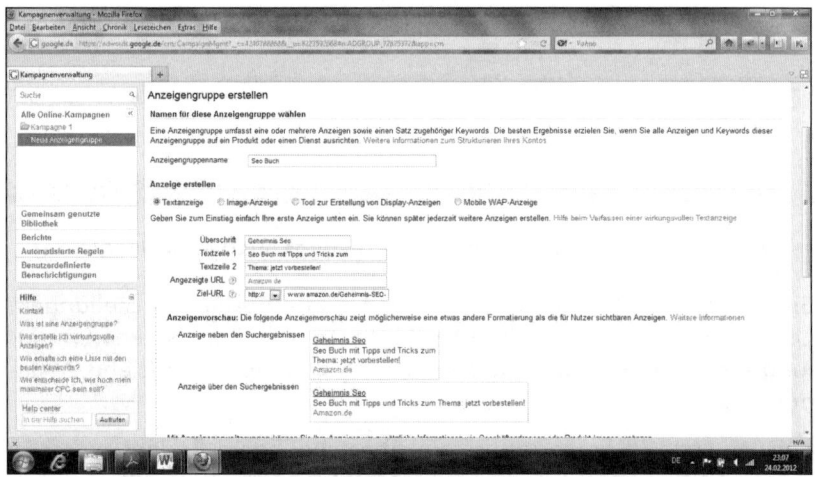

Abb. 5.10: Kampagne gestalten (Quelle: Google.de)

Beim nächsten Schritt geht es um das Auswählen der Keywords. Google AdWords zeigt auf der rechten Seite unten eine Box mit Vorschlägen zu Schlüsselwörtern, die Sie mit einem Klick als nutzbares

Keyword für Ihre Kampagne einfügen können. Keywords sind aber auch manuell definierbar.

 TIPP

Nutzen Sie vorher das Keyword-Tool von Google AdWords, um festzulegen, welche Schlüsselwörter über eine hohe Suchhäufigkeit verfügen. Diese fügen Sie dann den Keywords-Einstellungen hinzu.

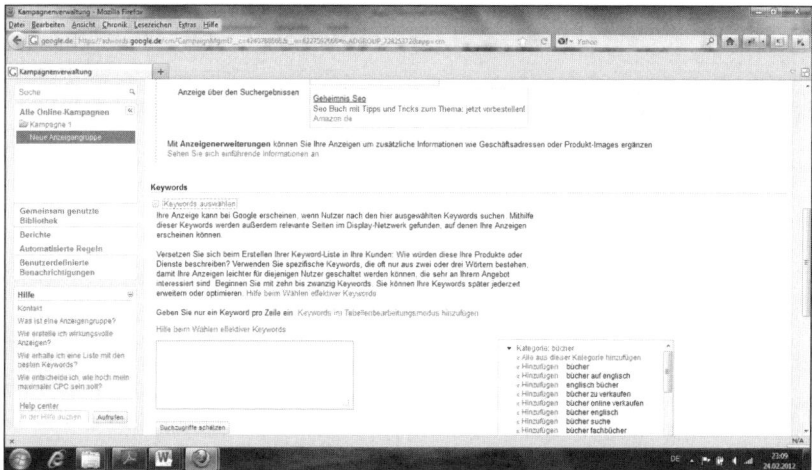

Abb. 5.11: Keywords festlegen (Quelle: Google.de)

Für die erste Kampagne legen Sie ein Standardgebot von 1 Euro fest. Das Gebot für das Display-Netzwerk setzen Sie ebenfalls auf 1 Euro. Schon ist Ihre Kampagne aktiv. Kosten entstehen nur, wenn jemand auf Ihre Anzeige klickt.

Andere Werbemaßnahmen wie Facebook-Anzeigen buchen – gezahlt wird nur bei Klick

Facebook bietet ebenfalls eine Möglichkeit einer Anzeigenschaltung an. Eine Altersstruktur Ihrer Zielgruppe kann über den Administrationsbereich bei Facebook für die Anzeigen festgelegt werden. Keywords und Themen für die Werbeanzeigen können hier ebenfalls bestimmt werden.

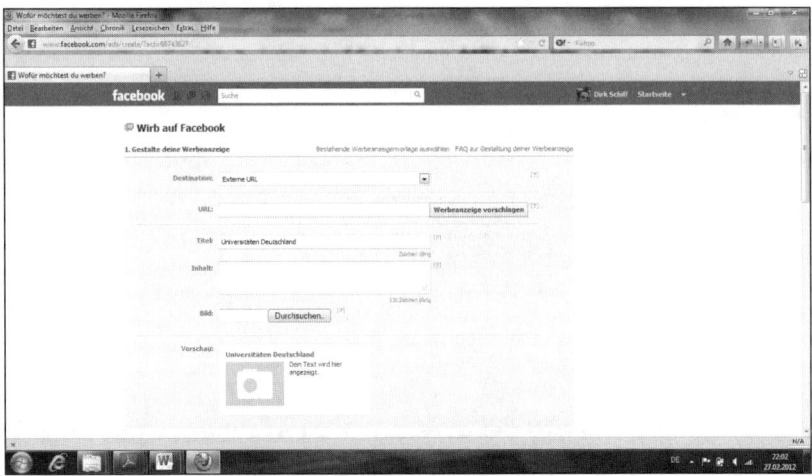

Abb. 5.12: Einstellungen für die Facebook-Werbung festlegen (Quelle: Facebook.com)

Es kann eine externe URL oder eine Facebook-Fanseite beworben werden. Demografie, Stadt, Land oder Interessen sind bestimmbar. Facebook-Werbung ist eine gute Alternative zu Google AdWords.

Affiliate-Marketing bringt neue Besuche

Affiliate-Portale

Affiliate-Maßnahmen sind Vertriebslösungen kommerzieller Anbieter und werden häufig von großen Firmen angeboten, die ihr Portfolio über externe Webseiten in Form eines Partnerprogramms anbieten. Webseitenbetreiber haben die Möglichkeit, sich über Affiliate-Portale anzumelden. Diese Portale vermarkten häufig verschiedene Affiliate-Programme von diversen Firmen. Man kann sich entweder selbst als Händler oder als Vertriebspartner dort anmelden. Beide Varianten eröffnen neue Möglichkeiten im Internet. Als Vertriebspartner verkaufen Sie Werbeplätze auf der eigenen Seite und als Händler vermarkten Sie Ihre Produkte auf fremden Seiten. Durch Affiliate-Portale können Sie Ihren Bekanntheitsgrad steigern.

Beispiele für Affiliate-Portale:

⇨ zanox.com

⇨ superclix.de

⇨ adklick.de

⇨ affili.net/de

⇨ belboon.com/de

⇨ tradedoubler.com/de-de

⇨ affiliwelt.de/

⇨ plista.com

⇨ webgains.de

Webseite als Händler über Affiliate-Marketing vermarkten

Als Unternehmer stellen Sie Dienstleistungen oder Produkte Ihres Portfolios in verschiedene Affiliate-Systeme ein. Über die Systeme haben Vertriebspartner die Möglichkeit, Ihr Portfolio über Banner- oder Klickwerbung zu vermarkten. Sie zahlen einen bestimmten Betrag an das Affiliate-Portal und der Vertriebspartner generiert Einnahmen pro Klick oder pro Verkauf. Die Anmeldung beim Portal erfolgt als Advertiser oder Merchant. Der Vertriebspartner ist Affiliate oder Publisher. Ihm werden verschiedene Werbemittel zur Verfügung gestellt, die er über einen HTML-Code in seine Seite einbauen kann. Über eine ID werden die genauen Klickzahlen ermittelt, die im Administrationsbereich einsehbar sind.

TIPP

Werbung auf der eigenen Webseite kann das Ranking Ihrer Webseite negativ beeinflussen. Dies wurde in diesem Jahr offiziell bei Google bekannt gegeben.

Videovermarktung über YouTube mit Einbindung auf Ihrer Webseite

YouTube bietet eine kostenpflichtige Videovermarktung über Google AdWords für Videos an. Sinnvoll ist es, seine Videos in erster Linie über verschiedene Blogs in Gastbeiträgen kostenlos zu publizieren. Bei WordPress können Videos mit YouTube-Link direkt eingebettet werden.

Kostenpflichtige Variante

Die kostenpflichtige Variante funktioniert ähnlich wie der Google Ad-Words-Account. Um das Video zu bewerben, benötigen Sie einen Account bei YouTube. Bei der Anzeigenerstellung können Sie direkt

den Namen Ihres YouTube-Kontos eingeben, damit Ihre dort einge-
stellten Videos erscheinen. Sie wählen einfach das passende Video
aus und legen verschiedene Themengruppen fest, unter denen Ihre
Videowerbung erscheinen soll.

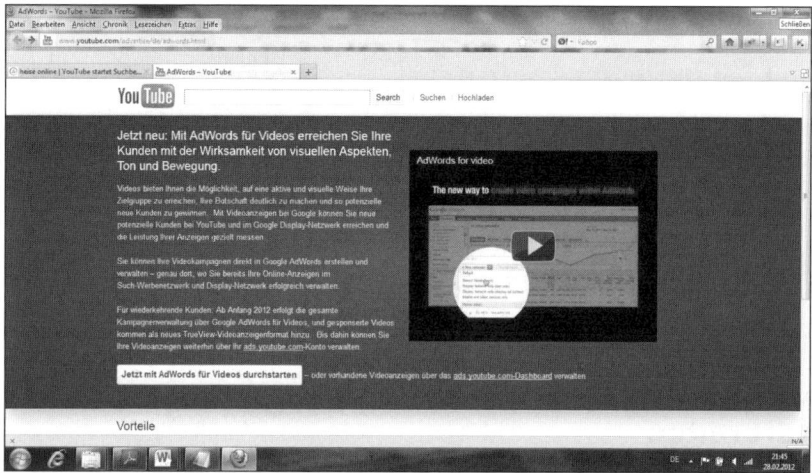

Abb. 5.13: AdWords für Videos verwenden (Quelle: YouTube.com)

Kostenlose Nutzung der Videovermarktung

Anlegen des Videos

Bei YouTube können alle gängigen Videoformate hochgeladen werden. Nach Erstellung des Benutzeraccounts erhalten Sie für jedes Video eine URL. Bevor Sie das Video bei YouTube hochladen, sollte es
gezielt nach Suchbegriffen benannt werden. Die Beschreibung, der
Titel und der Text zum Video sind wichtige Angaben, damit das Video
in den Suchmaschinen besser gefunden wird.

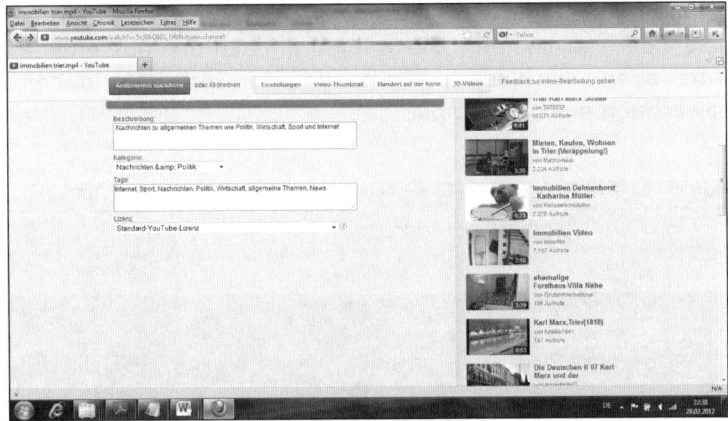

Abb. 5.14: Meta-Tag-Angaben eines Videos für eine Nachrichtenwebseite (Quelle: YouTube.com)

Video bei Twitter, Facebook, Google+ und Co. verbreiten

Über die sozialen Netzwerke können Sie einen Videolink teilen. Damit sieht jeder Ihrer Freunde das Video direkt in seinem Account.

Video bei WordPress einbauen

Auch bei WordPress-Blogs ist es möglich, einfach den Videolink einzufügen.

Videos und SEO

Videos sind hinsichtlich der Suchmaschinenoptimierung interessant. Dabei stellt sich die Frage, ob man nur YouTube für die Publikation von Videos nutzt oder auch auf der eigenen Webseite veröffentlicht. Beide Varianten können für Traffic sorgen. Dafür muss das Video auch interessant sein. YouTube ist in puncto Video immer noch die Nummer eins, deshalb ist es sinnvoll, über diese Plattform zu veröffentlichen. Videos von YouTube findet man sehr häufig in den Suchmaschinenergebnissen. Clipfish oder MyVideo sind ebenfalls wirkungsvoll.

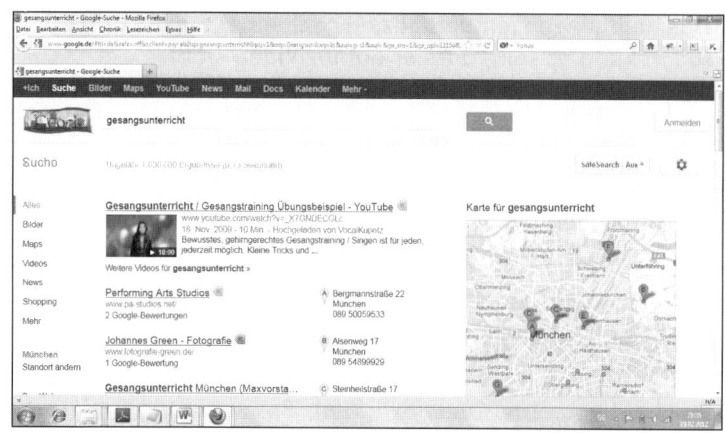

Abb. 5.15: Suche nach „Gesangsunterricht" mit YouTube-Ergebnis
(Quelle: Google.de)

Videosuche

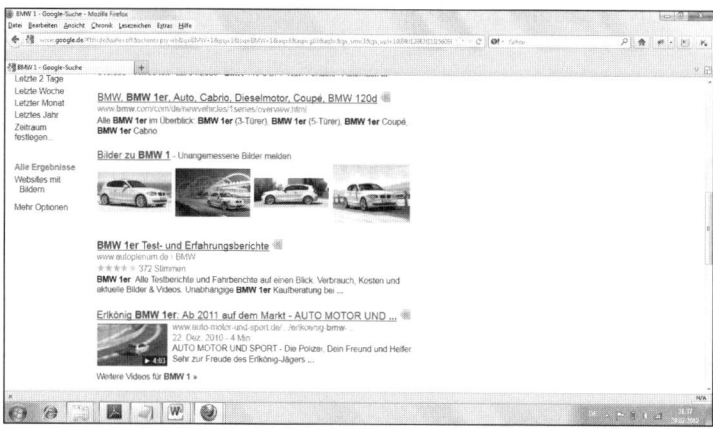

Abb. 5.16: Suche nach „BMW 1" mit Video-Ergebnis auf einer
Webseite (Quelle: Google.de)

Der User sucht über YouTube direkt oder über Google. Bei Google
erscheinen Videos in den gewöhnlichen organischen Suchergebnis-

sen. Das heißt, wenn jemand gezielt nach einer Suchbegriffkombination sucht, kann es sein, dass er auf Ihr Video stößt.

Rankingfaktoren für Videos

Wie bei Webseiten gibt es Faktoren, die das Ranking von Videos beeinflussen:

⇨ *Dateiname des Videos:* Bevor das Video bei YouTube hochgeladen wird, sollte der passende Name mit Keywords ausgestattet werden.

⇨ *Beschreibung, Titel und Text:* Titel, Beschreibung und Text zum Video müssen einzigartig sein und zum Thema des Videos passen. Diese Daten sind ähnlich zu betrachten wie die Meta-Tag-Angaben einer Webseite.

⇨ *Tags:* Fügen Sie die richtigen Keywords zu Tags hinzu.

⇨ *Klicks, Kommentare und Ratings:* Großes Leserinteresse in Form von Klicks, Ratings und Kommentaren sorgt für besseres Ranking. Dabei kommt es auf den Zeitraum der Klicks an. Google entlarvt gekaufte Klicks.

Videos auf der eigenen Webseite ohne Verwendung von YouTube

Um Videos auf Webseiten zu veröffentlichen, benötigt man die Installation eines Flash-Players. Der Aufwand ist zwar etwas höher als bei der Einbindung von YouTube-Videos, aber wenn der User die Videos in den Suchergebnissen findet, gelangt er unmittelbar auf Ihre Webseite.

TIPP

Beide Varianten sind wichtig, um die Bereiche SEM und SEO abzudecken. Bei eigenen Videos sollte man die Einreichung einer Video-Sitemap bei Google nicht vergessen. Mit dieser Sitemap teilen Sie Google relevante Informationen für die Snippets mit. Diese Informationen sieht der Suchende in den Suchergebnissen, direkt unter Ihrem Video. Beide Varianten sorgen für mehr Besucher Ihrer Webseite. Über das YouTube-Video können Sie den Namen der eigenen Webseite einblenden, damit die User auch auf Ihre Seite gelangen.

Linkbait – durch gezielte Aktionen Links kassieren

Ein *Linkbait* ist eine geplante Aktion, durch die Sie andere Menschen dazu bringen, innerhalb eines kurzen Zeitraums Links zu Ihrer Seite zu platzieren. Baiting heißt nichts anders als Ködern. Durch gewisse Animationen wie Bilder, Videos und Initiativen kann der gewünschte Effekt erzielt werden. Wenn Sie über wertvolle Informationen verfügen, die jeder haben möchte, bietet sich die Möglichkeit an, diese nur preiszugeben, wenn der Leser einen Link zu Ihrer Webseite setzt. Einen Linkbait überzeugend auf die Beine zu stellen, ist in der Praxis sehr schwierig. Mit einer solchen Aktion muss man polarisieren. Manchen Menschen gefällt die Aktion und anderen nicht. Damit muss man leben können. Ein Linkbait ist durchaus lohnenswert, auch wenn es viel Zeit beansprucht.

Wenn Sie einen Mehrwert für den Leser darstellen können, wobei ein echter Nutzen entsteht, sind die User oft gerne bereit, freiwillig einen Link zu Ihrer Seite zu setzen. Eine Open-Source-Software kann beispielsweise für neue Backlinks sorgen. Je besser die Idee, umso mehr Links erhalten Sie. Selbst wenn aufgrund einer misslungenen Linkbait-Aktion niemand einen Link zu Ihrer Seite setzt, kann es sein, dass Sie damit viel Traffic erzeugen.

Beispiele:

⇨ Gewinnspiele

⇨ News mit gezielten Überschriften oder der Erste sein, der diese Nachricht veröffentlicht

⇨ Verlosung eines Handys

⇨ Aktuelle Nachricht gegenteilig darstellen (nicht die Meinung vertreten, die fast jeder teilt)

⇨ Nützlichen Ratgeber kostenlos als PDF rausgeben

⇨ Vorstellung eines neuen, kostenlosen Softwaretools

⇨ Nützliche Fakten in Form von Studien, die überzeugend sind

⇨ Gute Storys in Form von Videos

⇨ Witze, über die jeder lacht und die jeder direkt weitererzählen
möchte

Newsletter auf der eigenen Seite und Bekanntheitsgrad steigern

Ein Newsletter ist ein wichtiges Marketinginstrument, um neue Kunden zu gewinnen und Bestandskunden zu erhalten. Dabei spielt die
Größe eines Unternehmens keine Rolle. Die Kosten sind überschau-
bar und der Kunde entscheidet, ob er Ihre Informationen wünscht
oder nicht. Der einzige Nachteil ist Spamgefahr. Häufig landet ein
Newsletter im Spamordner und wird einfach übersehen.

Newsletter dürfen in Deutschland nicht einfach mal so versendet
werden. Bevor der Versand erfolgt, muss der Empfänger sich ein-
getragen haben. Nach Eintragung erhält er von Ihnen eine Bestätigungsmail mit Link, den er bestätigen muss. Erst nach erfolgreicher
Bestätigung dieses Links dürfen Sie den Newsletter an den Abonnenten versenden.

Newsletter können in diversen Formaten erstellt werden. Text-,
HTML- oder PDF-Format werden bei der Erstellung eines Newsletters gebraucht. Immer häufiger kommen externe Newsletter-Services
zum Einsatz. Dies bedeutet, den technischen Teil des Newsletter-Mar-
ketings übernimmt der externe Anbieter. Die Integration der News-
letter-Funktion in die eigene Webseite ist relativ einfach und schnell
möglich. Der Seitenbetreiber kümmert sich nur noch um Abonnenten. Die Serverbelastung für den Webseiteninhaber ist gleich null.

Beispiele für externe Newsletter-Anbieter:

⇨ mailchimp.com

⇨ lettr.de

⇨ der-newsletter-service.com

Häufigkeit der Versendung und Form

In der Regel werden Newsletter wöchentlich versandt. Es kommt natürlich darauf an, ob der Newsletter einen reinen Pressecharakter hat oder zu werblichen Zwecken dient. Wenn man zu viel Werbung versendet, verringert sich die Abonnentenanzahl schnell. Automatisierte Versendungen in festgelegten Zyklen sind möglich. In der Regel werden Newsletter mit Teaser-Texten aufgepeppt und beinhalten kurze Nachrichten mit Links zu der eigentlichen Webseite des Anbieters, auf der der Leser dann die Detailinformationen vorfindet. Mit interessanten redaktionellen Inhalten werden die Leser dauerhaft Ihren Newsletter lesen. Eine Kundenbindung ist möglich.

Im oberen Teil des Newsletters befinden sich in der Regel Informationen wie Name, Logo, Datum, Titel und ein Link zur Internetseite. Unter diesen Angaben findet man eine Auflistung der einzelnen Nachrichten mit Überschrift der jeweiligen Nachricht und einer Kurzform in ein bis zwei Sätzen. Neben den einzelnen Nachrichten werden idealerweise Bilder eingesetzt. Durch das Anklicken einer Nachricht gelangt der Leser dann auf die Webseite. Ganz unten folgen das Impressum und die Möglichkeit, den Newsletter wieder abzubestellen. Anrede und Grußformel gehören dazu.

TIPP

Bieten Sie dem Newsletter-Empfänger eine Bewertungsfunktion an, um Ihnen ein Feedback hinterlassen zu können. Zusätzlich sollte der Abonnent die Möglichkeit haben, Ihren Newsletter direkt weiterzuempfehlen.

Newsletter-Marketing ist eine gute Ergänzung zu SEM, SEO und Printwerbung. Im Gegensatz zu Printwerbung entfallen Druckkosten. Die Versendungskosten betragen nur einen geringen Teil der Kosten einer Briefversendung. Die Kommunikationswege sowie die Erstellung des Newsletters funktionieren schneller als bei Zeitungswerbung. Statistiken belegen den Erfolg der Newsletter-Kampagne bis ins kleinste Detail. Wenn Sie ein bestimmtes Konzept für den Newsletter festgelegt haben, können Sie die Versendung automatisiert ausführen. Beispielsweise können Sie die täglich publizierten Nachrichten Ihres Blogs in einem wöchentlichen oder monatlichen Newsletter automatisiert an Ihre Abonnenten versenden. Zusätzlich können Sie gezielt Angebote über den Newsletter präsentieren.

Newsletter-Werbung über fremde Seiten buchen

Externe Newsletter-Versendung ist eine Werbevariante, die sich für Unternehmer durchaus lohnen kann, um neue Kunden zu gewinnen. Jedoch sind einige Dinge zu berücksichtigen, bevor man bucht. Eine effiziente Newsletter-Werbung hat seinen Preis. Wenn Sie Angebote mit 100.000 Lesern für 30 Euro finden, handelt es sich nicht um professionelle Anbieter.

Hochwertige Newsletter-Versendung kostet manchmal 50 Cent bis 1 Euro pro Newsletter. Das heißt, bei 1.000 Empfängern zahlen Sie zwischen 500 und 1.000 Euro dafür.

Bevor Sie tatsächlich Newsletter-Marketing über fremde Webseitenbetreiber durchführen, sollten Sie sich zunächst folgende Fragen stellen:

⇨ Wie generiert der Betreiber seine Abonnenten? Schauen Sie sich auf der Seite an, wo man sich für den Newsletter eintragen kann. Ist keine Möglichkeit vorhanden, fragen Sie den Betreiber nach der Quelle. Profis haben nichts zu verbergen!

⇨ Mit wie viel anderen Werbern stehen Sie in ein und demselben Newsletter? Exklusiv (nur Sie) werben ergibt mehr Sinn.

⇨ Wie viele der abgesendeten Newsletter werden überhaupt gelesen? Quoten kann der Seitenbetreiber in der Regel mitteilen. Bestellen Sie sich den Newsletter selbst, um sich ein Bild über die Qualität zu machen.

⇨ Wie oft versendet der Betreiber Newsletter zu welchen Themengebieten? Sie wissen nicht, ob der Versender die Leute ständig mit Newslettern zuspammt. Bringen Sie dies in Erfahrung.

⇨ Gibt es schon zufriedene Newsletter-Kunden? Nach Referenzkunden fragen kostet nichts.

TIPP

Holen Sie verschiedene Angebote ein und bestellen Sie ein paar Wochen vor Schaltung der Newsletter-Werbung bei allen Anbietern einen Newsletter und schauen Sie sich die Details genau an. Trauen Sie sich, viele Fragen zu stellen. Wenn der Betreiber nicht bereit ist, diese zu beantworten, hat er etwas zu verbergen. Entscheidend ist, wie der Newsletter generiert wird.

Wie finden Sie Newsletter-Anbieter?

Verschiedene Newsletter-Suchmaschinen oder Kataloge bieten Auflistungen von Newsletter-Anbietern an.

Die Webseite newsletterverzeichnis.de zeigt beispielsweise bei der Auflistung des jeweiligen Anbieters die Abonnentenzahl, die Erscheinungshäufigkeit sowie die Möglichkeit einer Newsletter-Buchung oder eines Werbetauschs an.

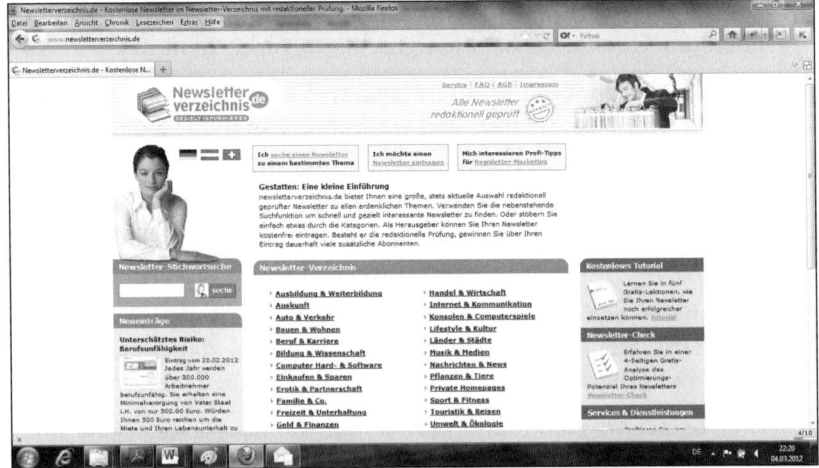

**Abb. 5.17: Newsletter-Anbieter suchen
(Quelle: Newsletterverzeichnis.de)**

Weitere Newsletter-Verzeichnisse:

⇨ newslettersuchmaschine.de

⇨ profine.de

⇨ newsletter-verzeichnis.de

6 Texte bei der Suchmaschinen-optimierung

Bestimmte Texte gehören auf die Seite: Impressum, „Über uns", Kontaktdaten usw.

Ein Impressum auf einer deutschen Webseite zu führen ist Pflicht. Bestimmte Inhalte gehören in das Impressum. Das Telemediengesetz legt die Informationspflicht fest. Wichtig sind nicht nur die Pflichtangaben, sondern auch Inhalte, die dem Nutzer einen Mehrwert bieten.

Kontaktformular, Foto und Philosophie der Ansprechpartner und des Inhabers inklusive einer kostenlosen Rückruffunktion gehören auf jede Webseite. Der Kunde möchte wissen, mit wem er es zu tun hat. Bilder sind aussagekräftig und können für einen positiven Eindruck sorgen. Diese Möglichkeiten bieten Sie am besten sichtbar auf der Startseite an, damit der Kunde bestmöglich mit Ihnen in Kontakt treten kann. Ausführliche Informationen über das Unternehmen werden in der Regel über den Punkt *Über uns* angeboten.

Folgende Informationen müssen im Impressum stehen:

⇨ Name und Anschrift sowie Niederlassung der Person

⇨ im Fall von juristischen Personen die Rechtsform, der Vertretungsberechtigte sowie Angaben über das Kapital der Gesellschaft

⇨ Daten zur Kontaktaufnahme, die eine Kommunikation mit Ihnen ermöglichen

⇨ E-Mail-Adresse

⇨ Angaben zur zuständigen Aufsichtsbehörde

TIPP

Die Aufsichtsbehörde muss genannt werden, wenn im Zusammenhang mit der Tätigkeit eine Zulassung benötigt wird, die bei einer Behörde beantragt wird.

⇨ Eintragung in Registern wie z.B. Handelsregister mit der dazugehörigen Registrierungsnummer

⇨ Angaben über die Kammer, der Sie angehören, z.B. IHK

⇨ Angaben über den Beruf, falls dieser zur Ausübung der Tätigkeit gesetzlich erforderlich ist

⇨ berufliche Befähigungsnachweise

⇨ Berufsbezeichnung und Staat der Verleihung

⇨ Bezeichnung der berufsrechtlichen Regelungen sowie Zugänglichkeit dieser Regelungen

⇨ USt-ID oder Steuernummer

Nachrichten und Texte: Formulierung und Wirkung

Nachrichten und Texte einer Webseite kann der User nur verstehen, wenn sie nicht zu fachspezifisch formuliert sind. Als Fachmann sprechen Sie eine andere Sprache. Für die Nutzer sollten die Inhalte möglichst verständlich rübergebracht werden, auch wenn dies als Fachmann manchmal schwerfällt.

Zu komplexes Fachwissen kann unter Umständen dafür sorgen, dass der Leser überfordert ist und die Seite schnell wieder verlässt.

Wie kommt man an Texte, wenn man selbst nicht schreibt? Content-Marktplatz und -Anbieter als Lösung

Dem Unternehmer fehlt die Zeit, seine Texte für die Webseite selbst zu erstellen. Content-Marktplätze sind hier eine Lösung, auf die viele Unternehmer, SEO-Agenturen, Blogger oder Shopbetreiber zurückgreifen.

Über den Content-Marktplatz kann ein Konto als Texter oder Käufer von Texten erstellt werden. Die Kontoerstellung ist in der Regel kostenfrei. Der Pionier unter den Content-Marktplätzen ist Textbroker.de.

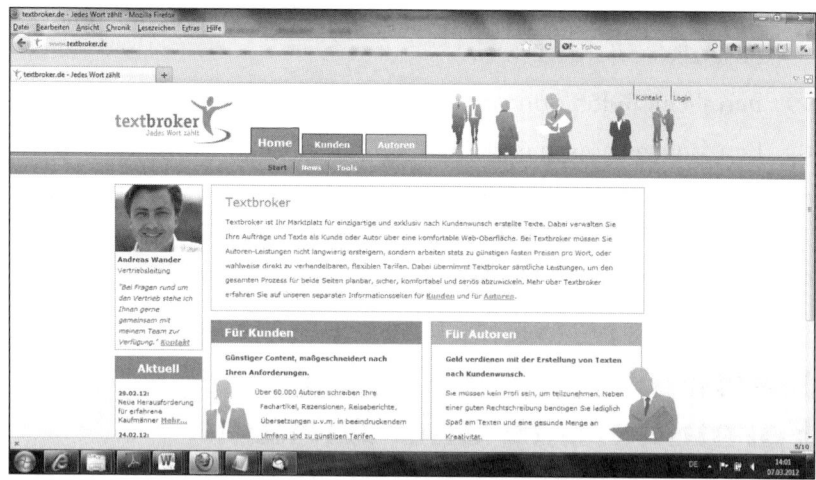

Abb. 6.1: Content-Marktplatz Textbroker.de (Quelle: Textbroker.de)

Bei Textbroker erhält man einzigartige Texte schon ab 12 Cent pro Wort. Dort kann man sich wahlweise als Autor oder als Unternehmer anmelden. Die Texte werden exklusiv für den Kunden erstellt. Eine große Bandbreite an Themen wird abgedeckt. Textbroker ist ein international tätiges Unternehmen mit Hauptsitz in Deutschland und Niederlassungen in den USA. Seit fünf Jahren vertrauen nunmehr über 100.000 Autoren und 30.000 Kunden auf den Content-Anbieter.

Vorteile bei Content-Marktplätzen:

⇨ Texte nach Maß und Anforderungen

⇨ 100 Prozent unique Content mit Prüfung eines Tools

⇨ große Auswahl an Autoren

Content-Guru.de bietet unique Content in verschiedenen Variationen an. News-Flatrate, Lektorat, Übersetzungen gehören zum Portfolio des Content-Anbieters. Unternehmer, Shopbetreiber oder Agenturen sind die Zielgruppe.

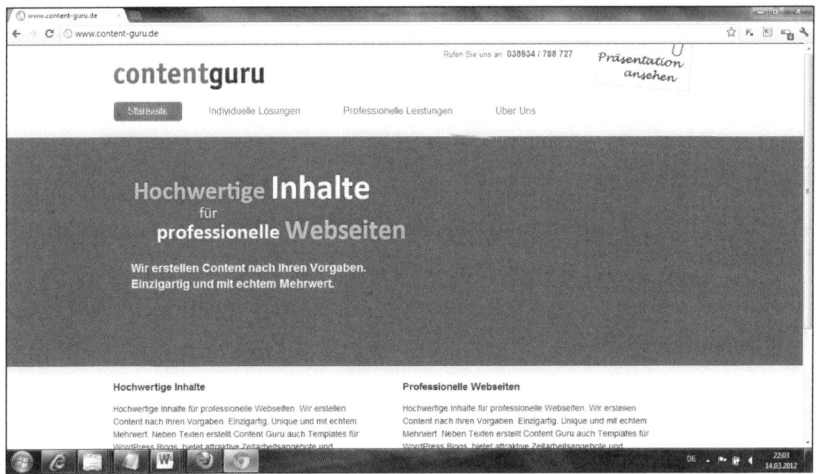

Abb. 6.2: Content-Anbieter Content-Guru.de
(Quelle: Content-Guru.de)

Wie werden Texte für die Suchmaschinen optimiert?

Teaser – Anreißer

Jeder Text benötigt einen kleinen Aufmacher. Der Anreißer hat die Aufgabe, dem Leser den Inhalt des Textes schmackhaft zu machen. Der Teaser erscheint auf einer Webseite in einem kleinen Abschnitt, in dem mehrere Nachrichten untereinander angezeigt werden. Nach Anklicken gelangt man zu dem eigentlichen Text.

Teaser und SEO

Ein Teil des Teasers kann als Meta-Tag Description verwendet werden.

Überschrift

Die Überschrift weckt genauso Interesse wie der Teaser und sollte kurz, prägnant und aussagekräftig sein.

Überschrift und SEO

Die Überschrift kann als Meta-Tag Title sowie als URL einer Nachricht benutzt werden.

Untertitel

Der Untertitel gehört unter die Überschrift und den Haupttext der Nachricht.

Lead

Ein Lead stellt die Einleitung oder der Vorspann des Textes bzw. der Nachricht dar. Der Nachrichtenkern sollte in dieser Informations-schlagzeile enthalten sein. Die Aktualität steht im Lead ganz oben. Die Informationsschlagzeile enthält auch Inhalte wie Ort, Datum und Geschehnis.

Lead und SEO

Ein Teil des Leads kann ebenfalls als Meta-Tag Description verwendet werden. Je nachdem, was besser passt, wählt man einen Teil des Leads oder einen Teil des Teasers als Description aus.

Nachrichtentext bzw. Einträge oder Posts des Blogs oder der Webseite

Nach dem Einleitungstext kommt die Hauptnachricht. Die Haupt-nachricht wird in mehrere Blöcke aufgeteilt. Jeder Block wird mit einer Überschrift versehen. Für die Überschrift verwendet man die Überschriften-Tags H1 bis H6. Bei WordPress können die Überschrif-ten über den Editor mit H1 bis H6 formatiert werden.

Die Textlänge wird immer wichtiger für die Suchmaschinenoptimie-rung. Standardpressemitteilungen beginnen bei einer Textlänge von 250 Wörtern. Längere Texte zwischen 750 und 1.000 Wörtern ha-ben bessere Chance auf gute Auffindbarkeit. Dort können mehrere Überschriften eingebaut werden. Bei einem Text mit nur 250 Wörtern ergibt es nicht so viel Sinn, drei bis vier Überschriften einzubauen.

Keywords

Mit der Anzahl der Keywords sollte man sparsam umgehen. Mit Keywords vollgestopfte Texte werden nicht gut bewertet oder sogar abgestraft. Vor einiger Zeit konnte man damit noch punkten. Die Keywordverteilung muss natürlich wirken. Die optimale Keyworddichte liegt bei 3 bis 5 Prozent.

Texte für den Leser und nicht für die Suchmaschinen

Schreiben Sie die Texte für Ihre Leser und nicht für die Suchmaschinen. In erster Linie möchte man gut ranken. Aber ein Text mit hoher Keyworddichte bringt nichts, wenn der Leser nach den ersten zwei Sätzen das Handtuch wirft und Ihre Seite verlässt.

Das Schwierige am Texten ist, die Leser mit gut formulierten und gleichzeitig suchmaschinenoptimierten Texten zu begeistern. Selbstverständlich müssen SEO-Details berücksichtigt werden. Das heißt, in den Meta-Tags sowie in den Überschriften oder dem Text sind Keywords zu finden, jedoch nicht in Massen.

Marken- und Urheberrecht

Ich gebe hier nur ein paar kleine Hinweise zum Thema Marken- und Urheberrecht. Für detaillierte rechtliche Fragen bedarf es einer Beratung durch einen Juristen.

Markenrecht von Domains

Wer eine Domain erstmalig registriert, ist Inhaber dieser Domain. Probleme tauchen erst dann auf, wenn jemand seinen Produktnamen im Domainnamen wiederfindet und klagt. Ähnlich sieht es bei der Nutzung von Personennamen aus.

Facebook-Recht

Gewerbliche Facebook-Accounts müssen eine Anbieterkennzeichnung haben. Wenn der Account für Marketingzwecke genutzt wird, bedarf es einer Impressumpflicht wie bei einer Webseite. Sie haben auch die Möglichkeit, einen Link deutlich erkennbar auf der Facebook-Firmenseite zu integrieren, der zum Impressum Ihrer Unternehmenswebseite führt. Der Link, der unter der Rubrik *Info* im Facebook-Unternehmensprofil unter *Webseite* zu finden ist, der zuerst zur Unternehmensseite führt und von dort aus zum Impressum, wird vom Landgericht nicht anerkannt, denn er stellt nach Ansicht des Gerichts keine leichte Erkennbarkeit im Sinne des § 5 TMG dar.

Urheberrecht für Fotos und Texte

Fremde Texte und Bilder dürfen nicht für die eigene Webseite verwendet werden. Fotos werden z.b. häufig bei Auktionen von eBay unerlaubt genutzt. Nur der Urheber allein hat verschiedene Rechte wie z.b. Vervielfältigungs-, Verbreitungs- oder das Ausstellungsrecht. Um einen Anspruch bei geklauten Bildern oder Texten stellen zu können, muss die Urheberschaft nachgewiesen werden. Durch die Veröffentlichung von Texten oder Bildern ohne Genehmigung macht man sich laut § 106 ff. UrhG strafbar. Der Geschädigte stellt in der Regel Unterlassungsansprüche. Das heißt, in der Praxis bestätigt der Verursacher, dass er die Nutzung der Texte bzw. der Bilder unterlässt. Hält man sich nicht daran, muss man die vereinbarte Vertragsstrafe zahlen.

Wenn jemand in der Praxis seinen Text woanders wiederfindet, ist es sinnvoll, einen Rechtsanwalt mit der Sache zu betrauen. Zusätzlich zur Versendung einer Abmahnung können weitere Ansprüche geltend gemacht werden, wie z.B. die Unterlassungs- und Verpflichtungserklärung, Auskunft und Schadensersatz. Die Anwaltskosten muss der Kläger erst einmal vorstrecken. Wenn die Angelegenheit zugunsten des Geschädigten abgewickelt ist, steht ihm eine Erstattung durch den Schädiger zu.

7 Feintuning, Tipps und kleine Kniffe

Geheimtipps aus erster Hand: Quellen finden, die nicht jeder kennt

Wenn man mit der ersten Webseite startet, ist es sehr schwierig, im Internet kostenlos Links von Webseiten mit viel Trust zu ergattern. Am Anfang ist Durchhaltevermögen gefragt.

Zu Beginn tragen Sie sich in Branchenbücher, Social Bookmarks, soziale Netzwerke, Freeblogs, Blogs mit kostenlosen Gastbeiträgen und Webkataloge ein.

TIPP

Versuchen Sie, ca. drei bis fünf Eintragungen pro Tag durchzuführen.

Backlinkchecker im Einsatz

Zusätzlich sollten Sie täglich erst einmal über kostenlose Backlinkchecker Ihre Konkurrenten überprüfen und diese Liste auf Ihrem Computer abspeichern. Diese Liste arbeiten Sie ab. Schauen sich die einzelnen Seiten im Detail an. Dann entscheiden Sie, welche Seiten für die Linkplatzierung infrage kommen.

Sie werden nicht bei allen Webseiten ohne Gegenleistung einen Backlink bekommen. Wenn Sie einen guten Fachtext liefern, erhalten Sie eventuell auch einen Link zu Ihrer Seite. Um dauerhaft Links aufzubauen, bedarf es in der Praxis einer Gegenverlinkung, Einmalzahlung oder monatlichen Zahlung. Deshalb ergibt es Sinn, eine weitere Domain zu Ihrem Themengebiet parallel zu der Firmenwebseite aufzubauen, die Sie ebenfalls mit Backlinks versorgen. Damit ist eine Möglichkeit geschaffen, Links über einen Linktausch aufzubauen.

Blogkommentare

Blogkommentare sind eine Ergänzung zum normalen Linkaufbau. Einige dieser Links sind mit dem Nofollow-Attribut versehen. Auch solche Links gehören zum natürlichen Linkaufbau. Wenn Sie auf die Suche nach brauchbaren Blogkommentaren gehen, suchen Sie in Ihrem Branchenumfeld.

Hier ein Beispiel, wie man Blogkommentare zum Thema Onlineshop mit Damenbekleidung über die Recherche der Keywordkombination „Onlineshop Blog" finden kann:

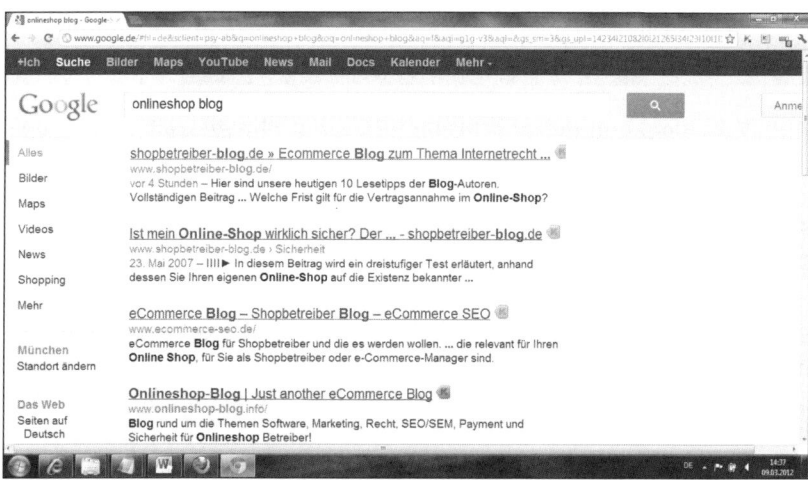

Abb. 7.1: Das Suchergebnis zu „Onlineshop Blog" (Quelle: Google.de)

Im Suchergebnis klicken Sie auf den ersten Blog und wählen einen Blogbeitrag aus. Unter dem Text besteht die Möglichkeit, einen Blogkommentar zu hinterlassen.

Dort tragen Sie Name, E-Mail-Adresse, URL und Ihren Kommentar ein. Schreiben Sie etwas zum Thema. Sätze wie „gute Infos" oder „netter Blog" werden in der Regel gelöscht, da diese den Blog nicht bereichern.

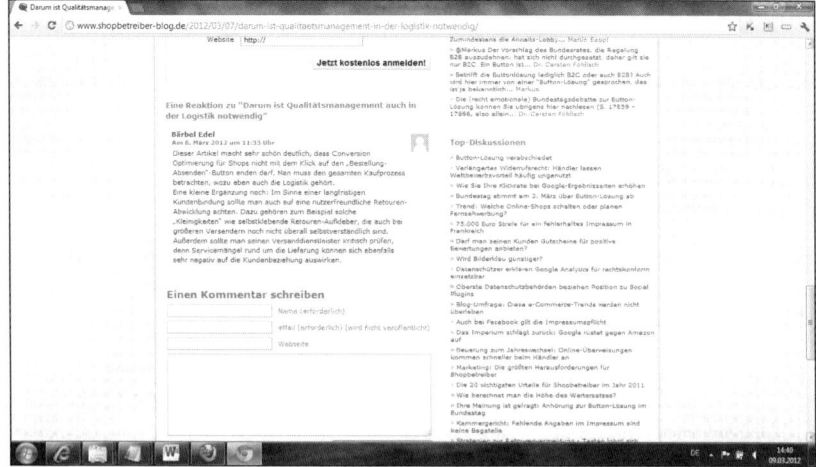

Abb. 7.2: Blogkommentar schreiben (Quelle: Shopbetreiber-Blog.de)

Forenprofillinks und Textlinks im Forenbeitrag

Bei Foren funktioniert die Recherche ähnlich wie bei den Blogkommentaren. Sie googeln die Branche in Verbindung mit dem Begriff „Forum" und arbeiten Suchergebnisse über die ersten 50 Positionen bei Google ab.

Abbildung 7.3 zeigt ein Beispiel mit der Suche nach den Begriffen „Onlineshop Forum".

Sie wählen *Formlet.de* aus und melden sich gleich dort an. Klicken Sie zuerst auf die FAQs, bevor Sie loslegen. Dann registrieren Sie sich. Nach der Eingabe der Benutzerdaten erhalten Sie eine Bestätigungsmail. Wenn Sie bestätigt haben, stellen Sie Ihr Profil fertig. Dabei haben Sie in den meisten Fällen die Möglichkeit, Ihre Webseite im Profil einzugeben. Zusätzlich können Sie bei der Signatur einige Informationen zu Ihrem Unternehmen eintragen.

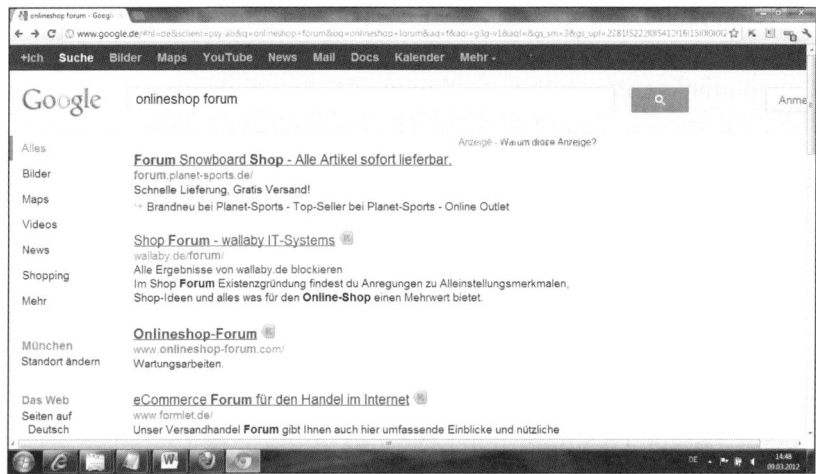

Abb. 7.3: Das Suchergebnis zu „Onlineshop Forum"
(Quelle: Google.de)

Hier noch einige Suchbeispiele für die Recherche über Google:

⇨ Onlineshop Blog at

⇨ Onlineshop Blog ch

⇨ inurl:online shop blog us

Spendenlinks (Donations)

Spendenlinks können über die Google-Suche gefunden werden. Man benötigt jedoch etwas Fantasie. Ich habe ein paar Tests durchführt und dabei festgestellt, dass die Konkurrenz häufig über Spendenlinks verfügt. Diese Links werden in verschiedenen Branchen eingesetzt. Im Test wurden verschiedene Suchbegriffe mit dem englischen Begriff für Spenden oder Spender kombiniert.

Abbildung 7.4 zeigt ein Beispiel aus der Branche Baufinanzierung.

Ergebnis Nummer vier liefert die Möglichkeit eines Spendenlinks. Einige der Firmen, die dort gespendet haben, verfügen über sehr viele Rankings bei Google. Allerdings kostet ein Link mehr als 100 Dollar. In den meisten Fällen werden Keywords im Ankertext verlinkt.

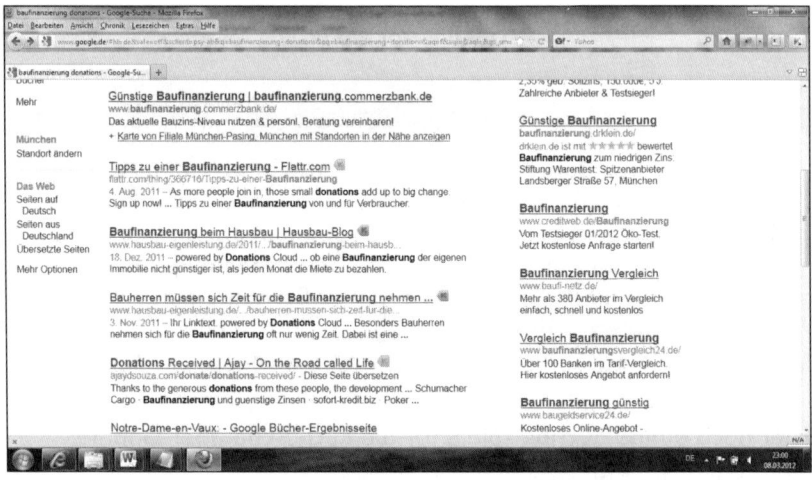

Abb. 7.4: Suche bei Google nach „Baufinanzierung donations"
(Quelle: Google.de)

Abbildung 7.5 zeigt ein Beispiel für die Verlinkung von Keywords:

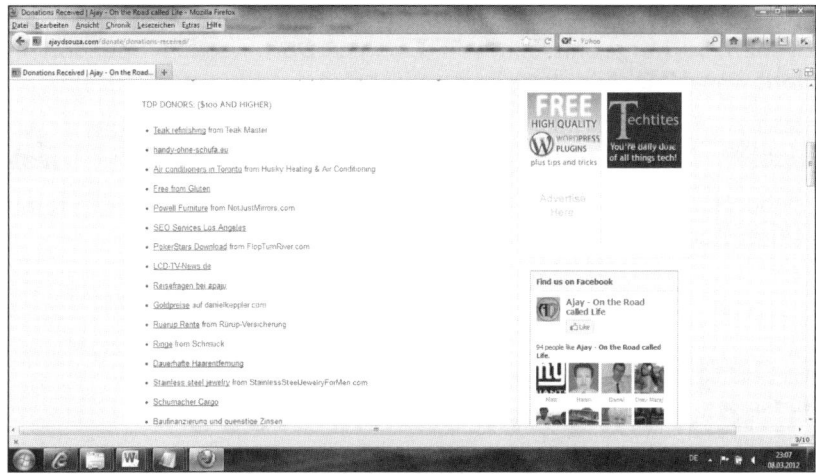

Abb. 7.5: Verlinkung von Keywords
(Quelle: ajaydsouza.com/donate/donations-received/)

Ein weiteres Beispiel für eine Google-Suche:

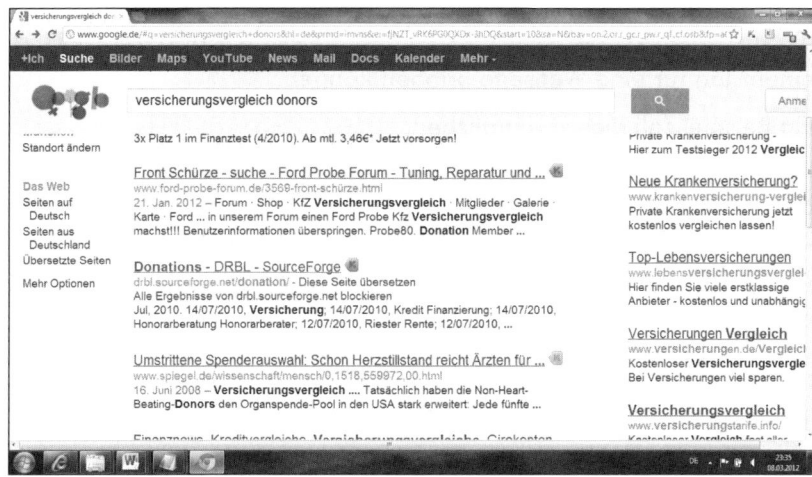

Abb. 7.6: Suche bei Google nach „Versicherungsvergleich donors"
(Quelle: Google.de)

http://drbl.sourceforge.net/donation/ ist das zweite Ergebnis auf der zweiten Suchergebnisseite von Google. Dort werden Spenden in Höhe von 10 Dollar akzeptiert.

TIPP

Über kostenlose Backlinkchecker finden Sie beim Überprüfen Ihrer Konkurrenten häufig Spendenlinks.

Google News: So gelangt man hinein und bekommt 1.000 Besucher pro Tag mit nur einem Text

Die Google News sind eine hervorragende Quelle, die für viel Traffic sorgen kann. Ich habe mit dem Testprojekt texter-gesucht.de eine Studie durchgeführt, um herauszufinden, welche Themen häufig gelesen werden. Dabei kam heraus, dass Themen wie DSDS und Castingshows mit einem Artikel in den Google News 1.000 Besucher an einem Tag für eine Webseite bringen können.

Ein Beispiel soll dies verdeutlichen.

Ich habe einen Text zu einem ehemaligen DSDS-Teilnehmer geschrieben. Unter dem Text platzierte ich ein Voting zum Thema, das für die Dauer von 24 Stunden geöffnet war (siehe Abbildung 7.7).

Beim Voting allein gab es schon 1.213 unique Besucher. WordPress erlaubt nur einen Klick pro Besucher. Die Webseite Texter-Gesucht. de verzeichnete zu diesem Zeitpunkt nur wenige Rankings. Ohne Artikelveröffentlichung besuchten nur fünf Personen täglich diese Webseite (siehe Abbildung 7.8).

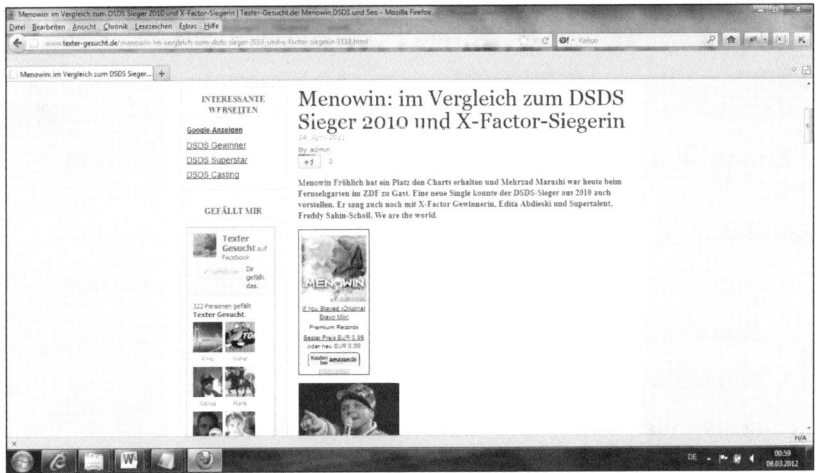

**Abb. 7.7: Veröffentlichter Artikel des Testprojekts
(Quelle: Texter-Gesucht.de)**

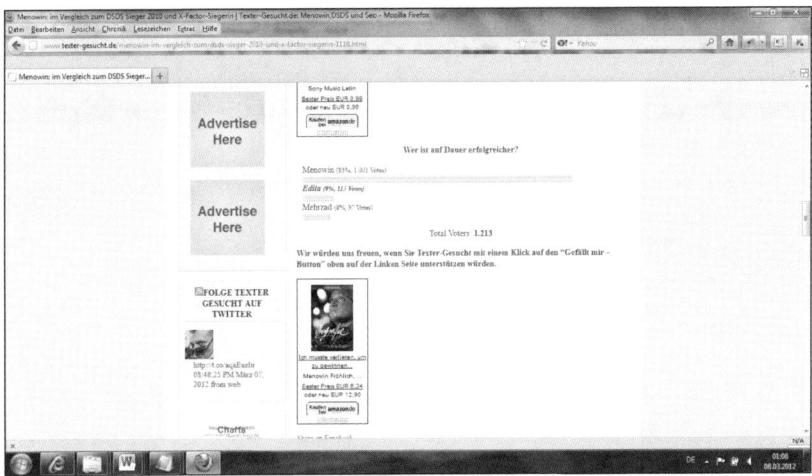

Abb. 7.8: Voting (Quelle: Texter-Gesucht.de)

Wie wird man Quelle von Google News?

Bevor man sich anmeldet, sind folgende Faktoren zu erfüllen:

⇨ Google News-Sitemap (bei WordPress als Plugin verfügbar)

⇨ redaktionelle Inhalte mit Pressecharakter

⇨ regelmäßige Inhalte

⇨ bestimmte Anzahl von Texten muss vorhanden sein

⇨ mehrere Autoren müssen für die Seite schreiben

⇨ Suchmaschinenfreundliche Inhalte

⇨ Benennung der Autoren im Impressum mit Namen

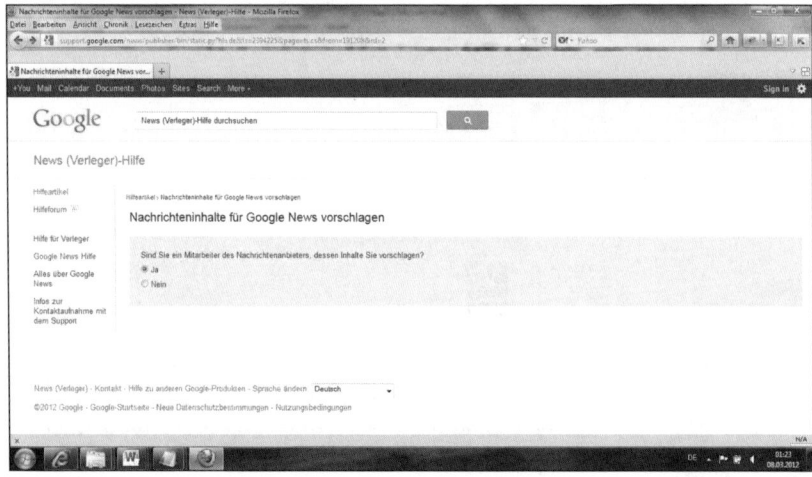

Abb. 7.9: Anmeldung zu Google News (Quelle: Google.de)

Die Anmeldung erfolgt in wenigen Schritten unter der folgenden Adresse:

http://support.google.com/news/publisher/bin/static.py?hl=de&ts=2394225&page=ts.cs&from=191208&rd=2

Dort klicken Sie auf Ja. Danach folgen Sie den Anweisungen und füllen das Formular komplett aus. Unmittelbar nach der Anmeldung erhalten Sie eine E-Mail von Google. Dort werden Sie auf die Richtlinien hingewiesen.

TIPP

Die Mail von Google muss beantwortet werden, bevor der Anmeldevorgang überhaupt bearbeitet wird. In der Antwortmail bestätigen Sie, dass Ihre Webseite die Richtlinien von Google News erfüllt. Danach kann es einige Tage dauern, bis Sie eine Nachricht von Google erhalten. Wenn Sie nach ein paar Wochen nichts von Google gehört haben, sollten Sie den Anmeldevorgang wiederholen.

SEO für Google News: Wie rankt man besser?

Hier einige Vorschläge, um ein besseres Ranking zu erreichen:

⇨ Texte mit hoher Aktualität und Relevanz schreiben, die vorher noch nicht publiziert wurden

⇨ Neuigkeiten über interessante Themen präsentieren, die zu dem Zeitpunkt der Publikation sehr oft in den Medien auftauchen

⇨ Autorität der eigenen Webseite erhöhen. Das heißt, wenn Sie mit Ihrer Seite bei Google unter vielen Suchbegriffen in den organischen Suchergebnissen gut ranken und die Seite über viel Trust verfügt, wirkt sich dies auf das Ranking bei Google News aus.

⇨ Über Themen schreiben, die zum Thema der Webseite passen. Wenn Sie beispielsweise eine Fitnesswebseite betreiben, ergibt es wenig Sinn, über Autos zu schreiben.

Für die Google News gelten gleiche Optimierungsmaßnahmen für die Meta-Tags wie bei allgemeiner Suchmaschinenoptimierung. Wichtige Begriffe sollten in Title, Description und URL vorkommen, ohne zu spammen.

Welche Vorteile bringt die Teilnahme bei Google News?

Zu den Vorteilen zählen:

⇨ Trust Links von Google News

⇨ Traffic auf Ihrer Webseite

⇨ Google News-Ergebnisse werden in den organischen Suchergebnissen eingeblendet. Wenn Sie jeden Tag einen guten Bericht zu einem bestimmten Thema schreiben, besteht die Möglichkeit, dass Sie unter bestimmten Suchbegriffen über die Google News täglich in den Top Ten der organischen Suchergebnisse zu finden sind.

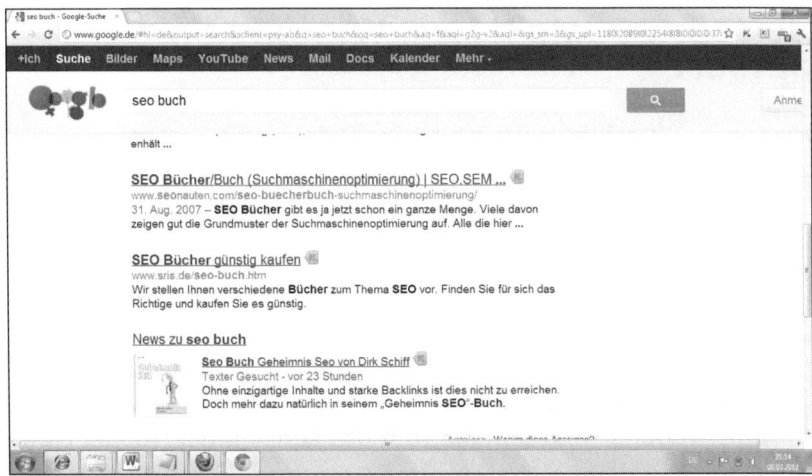

Abb. 7.10: Ein Beispiel: Google News-Ergebnis in der organischen Suche mit der Schlüsselwortkombination „SEO Buch" (Quelle: Google.de)

Videos in Google News

Es besteht die Möglichkeit, Video-News über den eigenen YouTube-Kanal anzumelden. Diese Anmeldung kann in einem Schritt über die reguläre Anmeldung der Google News erfolgen.

TIPP

Wenn Sie nicht selbst in den Google News aufgenommen werden, besteht die Möglichkeit, kostenlos über verschiedene Webseiten Nachrichten einzureichen, die in den Google News erscheinen. Die Nachrichten werden nur freigeschaltet, wenn Sie sich an bestimmte Richtlinien halten. Beispielsweise müssen die Nachrichten aktuelle Geschehnisse beinhalten, die Form der Nachricht sollte Pressecharakter haben und eine Mindestwortzahl erfüllen. Wenn die Nachricht angenommen wird, dürfen Sie sogar zwei Links zu Ihrer eigenen Seite setzen. Dazu kommt noch, dass Sie über die Google News viele Leser erreichen können.

Beispiele für kostenlose Presseportale, die Quellen von Google News sind:

⇨ www.ptext.de

⇨ www.yourjournal.de

⇨ www.artikel-presse.de

⇨ www.deaf-deaf.de

Links in der richtigen Dosierung – Beispiele, wie man es nicht machen sollte

Penalty

Gute organische Suchergebnisse bei Google mit umkämpften Suchbegriffen sorgen für hohe Besucherzahlen. Ein gutes Ranking kann schnell wieder verloren gehen – zum einen, wenn es durch Black-Hat-Methoden erreicht wurde, und zum anderen, wenn die Konkurrenz an Ihnen vorbeizieht. Immer mehr Webseitenbetreiber erkennen, dass sich durch eine gute Platzierung viel Geld verdienen lässt. Einige entscheiden sich für unlautere Methoden. Kurzfristig ist es möglich, ein gutes Ranking zu erzielen. Doch dauerhaft kommt Google erschlichenen Rankings auf die Schliche.

Suchmaschinen erkennen nicht sofort minderwertige Qualität von Texten. Die Webseite wird von Google indexiert und rankt in den Suchmaschinenergebnissen. Der Benutzer sowie Google wird mit minderwertigen Suchergebnissen nicht zufriedengestellt. Google verbessert ständig die Qualität der Suchergebnisse. Entweder erfolgt eine Abstrafung über eine manuelle Überprüfung durch das Spam-Team von Google oder durch automatisierte Abfolgen des Algorithmus.

Penalty durch den Algorithmus

Über bestimmte Indikatoren des Google-Algorithmus lassen sich automatisiert Spamfaktoren erkennen. Das kann zu einer Zurückstufung in den Suchergebnissen bei Google führen.

Ausgelöst wird ein Penalty durch den Algorithmus, wenn die Backlinkstruktur zu schnell aufgebaut wird.

Penalty durch das Spam-Team von Google

Wer gegen die Richtlinien von Google verstößt, wird durch das Spam-Team von Google manuell abgestraft.

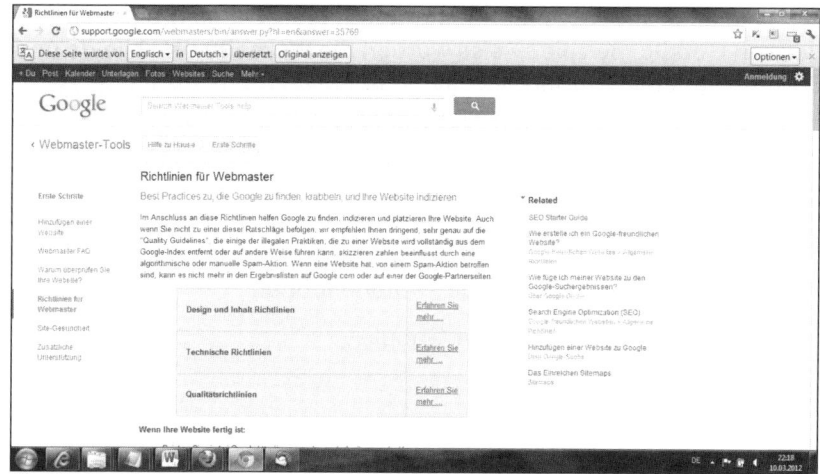

Abb. 7.11: Google-Richtlinien (Quelle: Google.de)

Sandbox

Abb. 7.12: Ein Sandbox-Beispiel
(Quelle: http://www.mattcutts.com/blog/)

Feintuning, Tipps und kleine Kniffe

Dies bedeutet die komplette Entfernung einer Domain aus dem Index von Google. Beispielsweise wurden die Webseiten Mobile.de und BMW.de vor einigen Jahren wegen Manipulationsvorwürfen aus dem Index genommen.

Folgende Dinge sollten vermieden werden, um kein Penalty zu kassieren oder in der Sandbox zu landen:

⇨ verborgener Text oder verborgene Links

⇨ Cloaking oder irreführende Weiterleitungen

⇨ automatische Abfragen an Google

⇨ doppelter Content

⇨ schädliche Programme

⇨ nur für Suchmaschinen erstellte Seiten

⇨ weniger oder gar kein originaler Content

⇨ Seiten mit irrelevanten Keywords

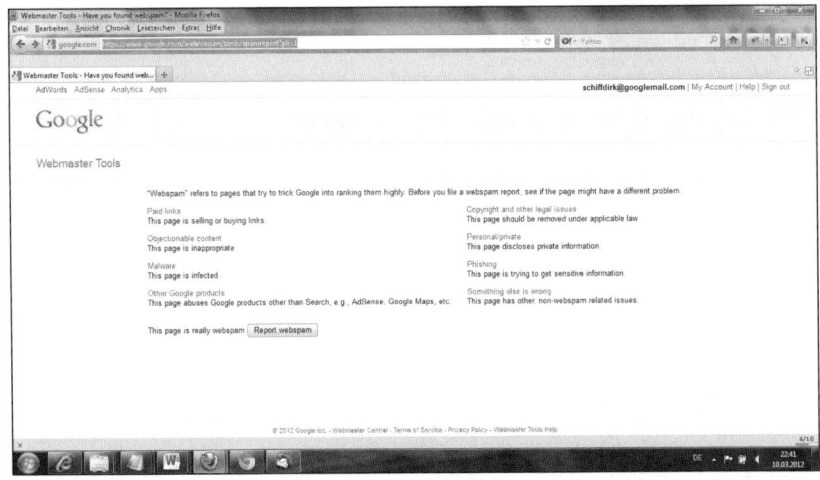

Abb. 7.13: Spam an Google melden (Quelle: Google.de)

Was können Sie tun, wenn Ihre eigene Seite abgestraft wurde?

Wenn die eigene Seite in der Sandbox landet, besteht die Möglichkeit, die Fehler zu bereinigen und die Seite bei Google für eine erneute Überprüfung der Inhalte einzureichen. Dadurch kann die Seite wieder in den Index gelangen.

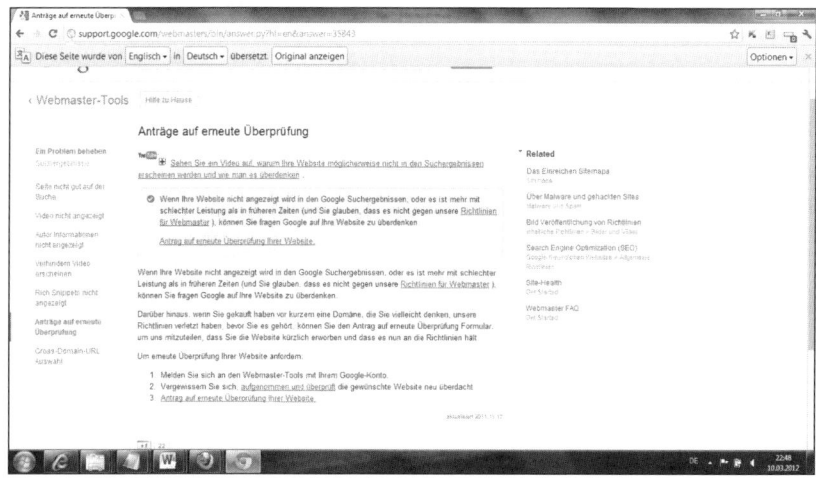

Abb. 7.14: Antrag auf erneute Überprüfung (Quelle: Google.de)

Rich Snippets: Shopping-Ergebnisse des eigenen Onlineshops bei Google

Rich Snippets sind die Textzeilen unter den Suchergebnissen. Der User erfährt in einer kurzen Erläuterung, worum es auf der Webseite geht. Der Text im Rich Snippet kann zur Kaufentscheidung beitragen.

Damit Google Rich Snippets für Ihre Webseite erstellen kann, müssen die Inhalte für die Suchmaschine verständlich sein. Rich Snippets können für diverse Bereiche erstellt werden. Ein sogenanntes *Markup* gibt Google den genauen Anhaltspunkt für die Erstellung von Rich Snippets. Das Markup kann im HTML-Format vom Webmaster erstellt und eingebaut werden.

Drei verschiedene Formen des Markups sind möglich:

⇨ Mikrodaten (empfohlen von Google)

⇨ Mikroformate

⇨ RDFa

Diese sind nicht nur für die Optimierung von Onlineshops geeignet. Genutzt werden können sie auch für folgende Inhalte:

⇨ Beurteilungen

⇨ Personen

⇨ Produkte

⇨ Unternehmen und Organisationen

⇨ Rezepte

⇨ Ereignisse

⇨ Musik

⇨ Videocontent

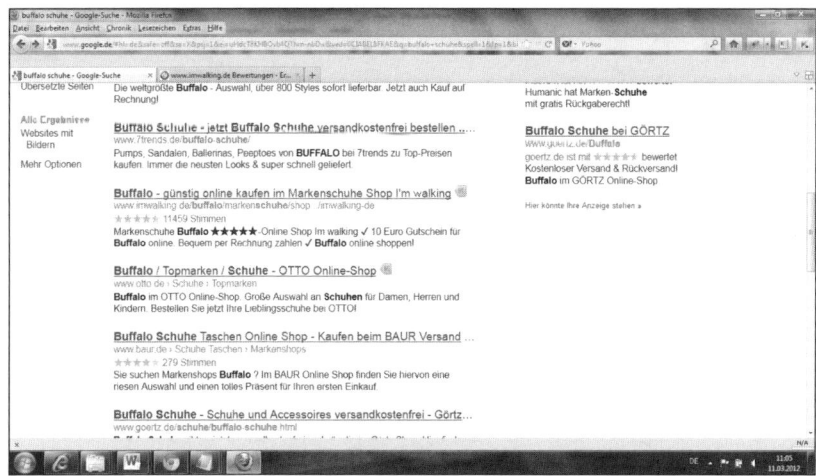

Abb. 7.15: Beispiel Imwalking.de mit Rich Snippet in den Ergebnissen (Quelle: Google.de)

Abb. 7.16: Beispiel für Verlinkung auf TrustedShops.com (Quelle: Imwalking.de)

TIPP

Der in Abbildung 7.16 gezeigte Shop wird in den Suchergebnissen mit einem Rich Snippet gefunden. Das Markup wurde aber bei der Seite TrustedShops.com erstellt.

Auf der Seite Imwalking.de befindet sich der Link zu TrustedShops.com. Die Bewertungen von Imwalking.de findet man in den Suchergebnissen über die Implementierung des Markups von TrustedShops.com.

Wenn Sie auf das Kästchen mit den Bewertungen klicken, gelangen Sie auf das Profil von Imwalking.de auf der Seite TrustedShops.com.

Im Quellcode von TrustedShops.com findet man den in der Abbildung gezeigten Markup:

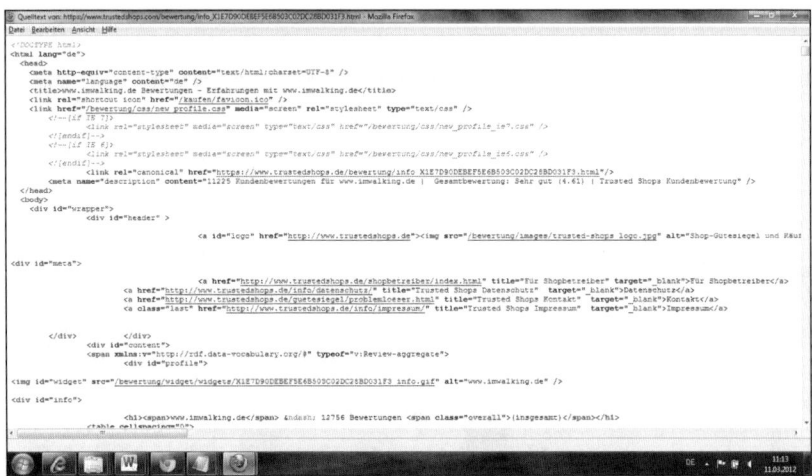

Abb. 7.17: Quellcode mit Markup von TrustedShops.com (Quelle:TrustedShops.com)

TIPP

TrustedShops.com ist eine Möglichkeit, schnell brauchbare Rich Snippets für den eigenen Shop zu generieren. Wenn man selbst Markups erstellt, um mit dem eigenen Shop und Rich Snippets in den Suchergebnissen zu landen, kann es etwas länger dauern, bis diese zu finden sind.

TIPP

Der Nachteil bei TrustedShops ist, dass ein ausgehender Link von Ihrer Seite zu TrustedShops.com führt. Dabei kann die eigene Webseite Linkpower verlieren.

Google Shopping für den eigenen Onlineshop nutzen und Ihre Artikel in den Suchergebnissen anzeigen lassen

Ihren Onlineshop können Sie kostenlos bei Google Shopping hinzufügen. Dies bedarf einer Anmeldung und der Einreichung eines Datenfeeds, der Ihre Artikel enthält. Durch das Hinzufügen neuer Artikel in den Shop werden die Daten automatisch an Google übermittelt. Dadurch eröffnet sich eine hervorragende Möglichkeit, Ihre Artikel aus dem Shop in den Suchergebnissen zu präsentieren.

TIPP

Die Shopping-Suchergebnisse werden auch in den organischen Suchergebnissen angezeigt.

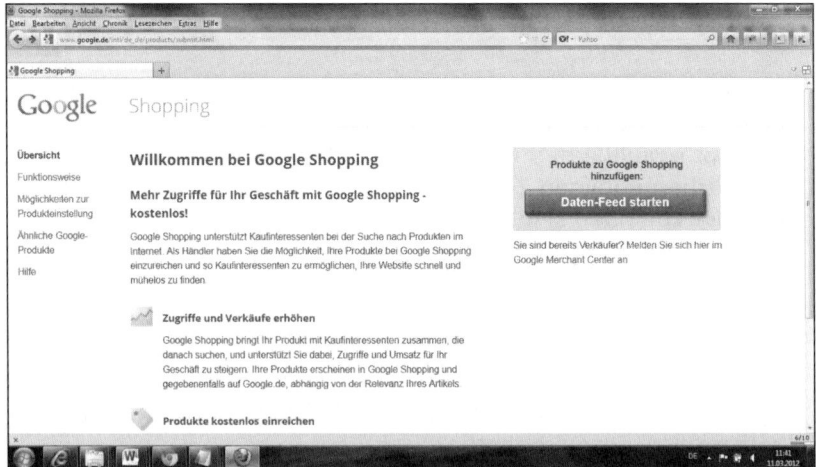

Abb. 7.18: Anmeldung bei Google Shopping (Quelle: Google.de)

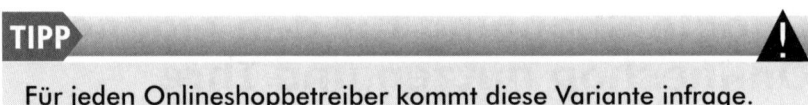

Für jeden Onlineshopbetreiber kommt diese Variante infrage.

SEO: Texte richtig formatieren, um besser gefunden zu werden

Keywords richtig einsetzen

Keywords in Überschrift, Titel, URL sowie im ersten Abschnitt eines Textes verbessern die Auffindbarkeit in den Suchmaschinen. Auch Synonyme der Keywords werden von Google erkannt. Achten Sie darauf, dass die Schlüsselwörter nicht immer die gleiche Form haben. Singular und Plural oder eine andere Reihenfolge der Keywords lassen den Text natürlicher wirken. Beim Einsatz von Schlüsselwörtern muss darauf geachtet werden, dass die Keyworddichte nicht zu hoch liegt.

Bevor die wichtigen Textformatierungen durchgeführt werden, ist eine Keywordrecherche mit dem Keyword-Tool von Google sinnvoll.

Ich verdeutliche am Beispiel der Seite *http://www.biallo.de/finanzen/Versicherungen/freiwillig-krankenversichert-beitragspflicht-trotzelterngeld.php* die Auswahl der richtigen Schlüsselwortkombination. Dort wird die Kombination „freiwillig krankenversichert" im Titel verwendet. Jedoch weist die Kombination „freiwillige Krankenversicherung" mehr Suchanfragen auf.

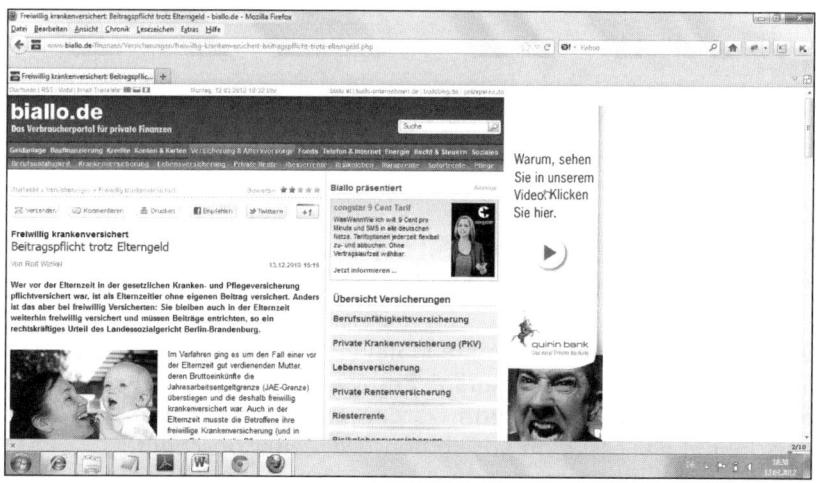

Abb. 7.19: Beispielseite Biallo.de (Quelle: Biallo.de)

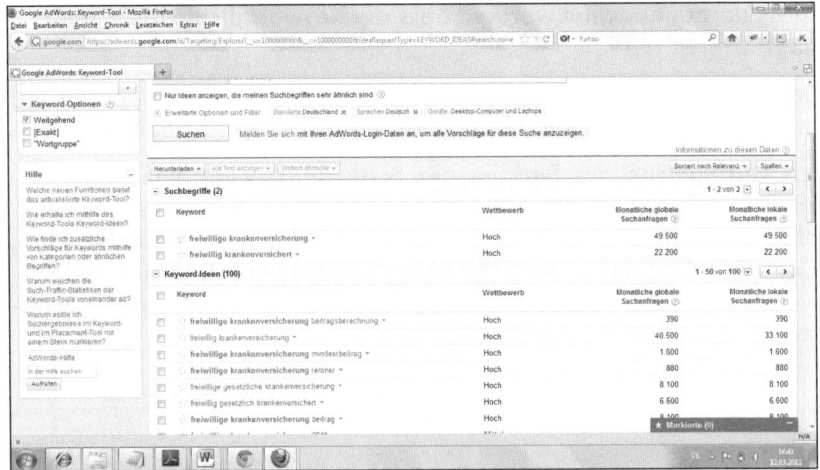

**Abb. 7.20: Anzahl der Suchanfragen laut Keyword-Tool
(Quelle: Google.de)**

Wahrnehmung der Suchbegriffe durch Suchmaschinen und User

Begriffe werden an bestimmten Stellen im Text besser durch die Suchmaschine wahrgenommen. Bei Menschen ist es ähnlich. Der Seitentitel und die Überschrift werden zuerst angeschaut und dann entscheidet der Leser, ob er sich den Text weiter anschaut.

Zwischenüberschriften und Snippets werden ebenfalls von Lesern und Suchmaschinen als wichtig empfunden. Als Snippet werden von Google in den meisten Fällen die Meta-Tags für Titel und Beschreibung verwendet. Unter bestimmten Umständen kann die Auswahl der Snippets durch die Suchmaschine angepasst werden. Dies ist davon abhängig, wie gut Title, Description und Inhalt der Seite aufeinander abgestimmt sind.

Zwischenüberschriften – H1- bis H6-Tags

Die Überschriften sind für die Suchmaschine und den User mit H-Tags besser zu sehen als ohne Überschriftenformatierung. Bei den meisten gängigen Editoren wie z.B. bei WordPress können die Überschriften direkt bei der Texteingabe formatiert werden. H1 ist die größte Überschrift und die untergeordneten Überschriften werden absteigend optisch immer kleiner.

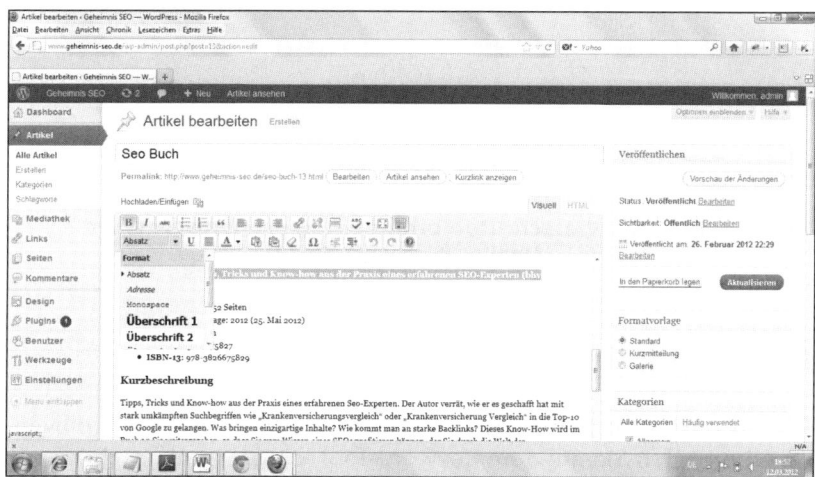

**Abb. 7.21: Überschriftenformatierung in WordPress
(Quelle: WordPress)**

HTML-Code für Überschriftenformatierung:

⇨ <h1>Überschrift 1</h1>

⇨ <h2>Überschrift 2</h2>

⇨ <h3>Überschrift 3</h3>

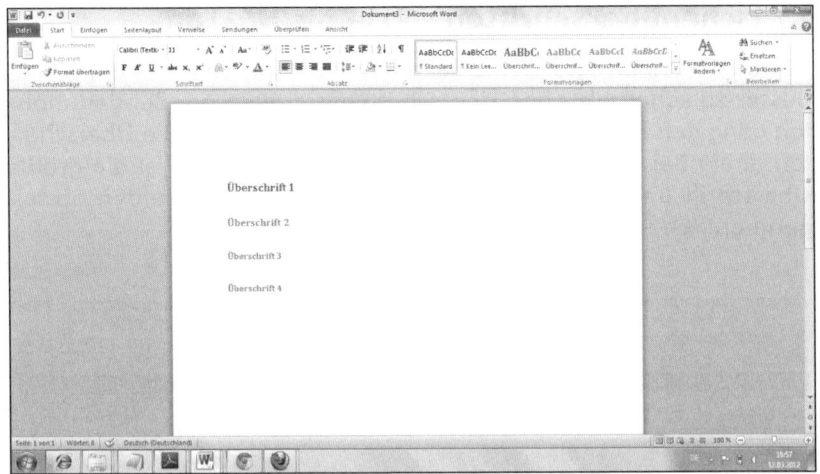

Abb. 7.22: Überschriftenformatierung in Microsoft Word
(Quelle: Microsoft Word)

Schreibweise von Keywords

Die Suchhäufigkeit von Keywords variiert stark je nach Schreibweise. Überprüfen Sie mit dem Keyword-Tool, ob getrennt geschriebene Schlüsselwörter oder zusammengeschriebene Schlüsselwörter häufiger gesucht werden, und wählen Sie dann die Variante aus, die häufiger gesucht wird.

Schriftattribute fett und kursiv

Die Formatierungen fett und kursiv sind für den Leser hilfreich, für Suchmaschinen jedoch nur erkennbar, wenn im HTML-Code die entsprechenden Formatierungen in Form von Markups vorgenommen werden.

Beispiele für Fettschrift:

⇨   fett

⇨   kräftig

Beispiel für Kursivschrift:

⇨ <I>Kursiv<I/>

TIPP

Nutzen Sie für jeden Text auf Ihrer Internetseite individuelle Meta-Tags, die Sie mit dem Keyword-Tool von Google AdWords bestimmen. Formatieren Sie wichtige Details im Text für User und Suchmaschine, ohne dabei zu übertreiben.

Linkkauf ist manchmal sinnvoll

Linkkauf wird in der Regel durch Google nicht befürwortet. Dennoch kann der Kauf von vereinzelten Links sinnvoll sein. Nachfolgend stelle ich drei Beispiele vor.

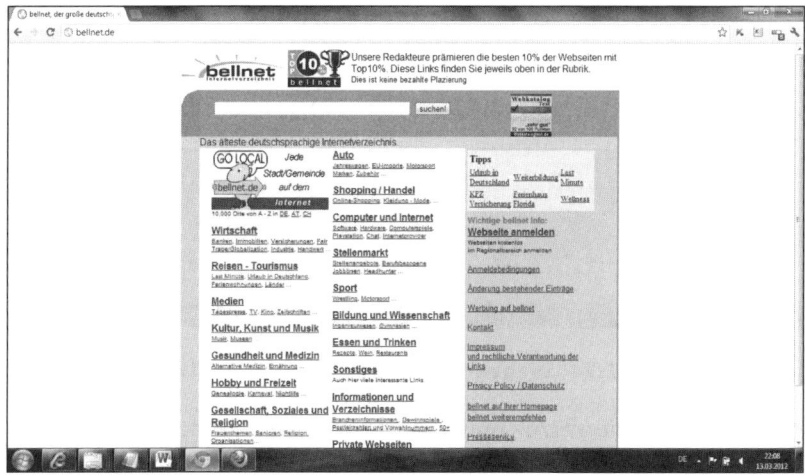

Abb. 7.23: Webkatalog Bellnet (Quelle: Bellnet.de)

⇨ Der Webkatalog Bellnet ist eines der ältesten deutschsprachigen Internetverzeichnisse und verzeichnet mehr als 25.000 Rankings in den Google-Top-100, über 54.000 Backlinks und vier Links aus dem bekannten Verzeichnis DMOZ. Diese Fakten sprechen für einen Link in diesem Verzeichnis. Der Link kostet einmalig 50 Euro und bleibt immer bestehen.

TIPP

Bellnet.de bietet eine kostenlose lokale Eintragungsmöglichkeit unter *http://bellnet.de/suchen/regional/default.htm*.

⇨ Flix gehört ebenfalls zu einem der ältesten deutschsprachigen Webverzeichnisse. Seit über 15 Jahren ist Flix aktiv. 1,5 Millionen Mal wird das Verzeichnis pro Monat aufgerufen. Der Preis liegt bei 98 Euro einmalig.

Abb. 7.24: Webverzeichnis Flix (Quelle: Flix.de)

⇨ Das deutsche Verzeichnis von Yahoo nimmt keine Anmeldungen mehr entgegen. Im amerikanischen Webverzeichnis von Yahoo besteht die Möglichkeit, sich kostenpflichtig für 299 US-Dollar Jahresgebühr anzumelden. Eine Durchführung der Anmeldung erfolgt innerhalb von sieben Tagen. Empfehlenswert ist jedoch der Versuch der kostenlosen Registrierung im amerikanischen Verzeichnis von Yahoo. Dies kann laut Angaben von Yahoo einige Zeit dauern, aber ein Versuch ist es wert, da es nicht viel Zeit in Anspruch nimmt und nichts kostet.

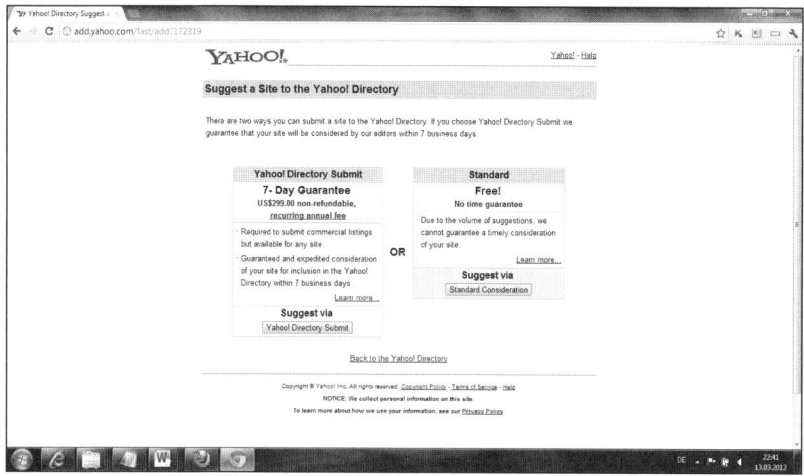

Abb. 7.25: Yahoo-Webverzeichnis (Quelle: Yahoo.com)

 TIPP

Die kostenlose sowie die kostenpflichtige Anmeldung kann unter *http://add.yahoo.com/fast/add?172319* vorgenommen werden.

Die richtigen Wörter zur richtigen Seite verlinken – Unterseiten müssen auch verlinkt werden

Nicht nur eingehende Links zur Hauptseite einer Internetpräsenz sind wichtig. Sogenannte *Deep Links* zu Unterseiten gehören zum Aufbau einer erfolgreichen Webseite. Wenn zu häufig die wichtigsten und meistgesuchten Suchbegriffe verlinkt werden, besteht die Gefahr, eine Abstrafung durch Google zu erhalten. Nutzen Sie nicht immer den gleichen Linktext, damit der Linkaufbau auf natürliche Weise durchgeführt wird. Natürliche Linktexte sind z.B. *http://webseite.de*, „klicken Sie hier", „Webseite", „Mehr Informationen".

Deep Links sorgen dafür, Rankings von Nischenkeywords und Hauptkeywords zu verbessern. Die Autorität der Webseite steigt. Dazu kommt noch, dass die verlinkten Unterseiten besser indexiert werden, wenn sie über Links verfügen. Deep Links können auch auf Bilder, Videos, PDFs oder Blogs linken.

Optimierung von Google Verticals: Bilder, Videos, regionale Ergebnisse

Im Internet gibt es spezielle vertikale Suchmaschinen, die eine Suche zu bestimmten Themengebieten wie z.B. medizinische Informationen, Reisen oder rechtliche Informationen anbieten. Google, Yahoo und Bing bieten jeweils ihre eigene vertikale Suche an. Im Internet wird die vertikale Suche von Google auch Google Verticals oder google vertical search genannt.

Zu Google Verticals gehören z.B. folgende Komponenten:

⇨ Google News

⇨ Google Bilder

⇨ Google Videos

⇨ Google Places

⇨ Google Shopping

⇨ Google Bücher

⇨ Google Apps

⇨ Google Blogs

Mittels dieser Komponenten können Sie mit Ihrer Webseite über die Liste der organischen Suchergebnisse bei Google gefunden werden.

Ob ein Foto-, ein Video- oder ein Shopping-Ergebnis in der organischen Suche von Google angezeigt wird, hängt von der Aktualität, der Suchhäufigkeit oder der Person ab, die man sucht.

Wenn Sie z.B. ein Fotomodell wie Heidi Klum suchen, werden die Fotos in der organischen Suche von Google mit angezeigt.

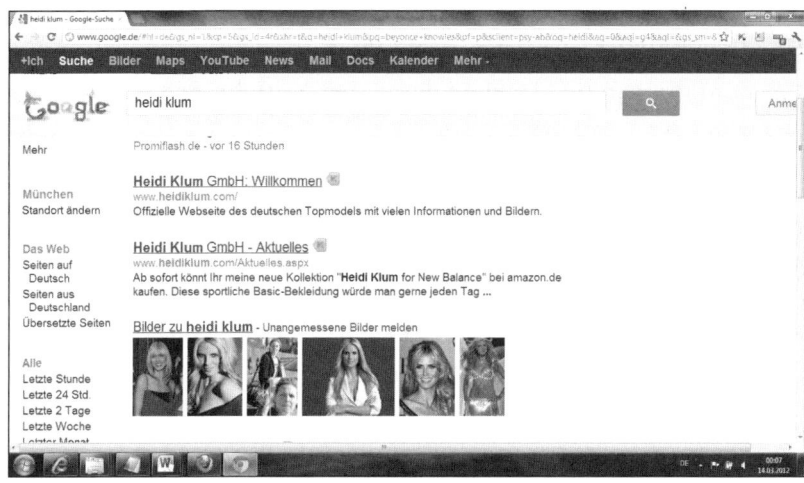

Abb. 7.26: Beispiel der Suche nach Heidi Klum (Quelle: Google.de)

Bei Shopping-Ergebnissen werden z.B. häufig die günstigsten Ergebnisse ganz vorn angezeigt.

Mit Bildern, Videos, News oder anderen Verticals in die Ergebnisse gelangen

Ein Teil der Google Verticals bedarf einer Anmeldung, wobei immer Richtlinien zu beachten sind, z.B. Google News (siehe hierzu weiter vorn in diesem Kapitel) oder Google Places (siehe hierzu Kapitel 3).

Bilder und Videos müssen nicht angemeldet werden. Wenn die Videos nicht über YouTube in die Webseite eingebunden werden, bedarf es der Einreichung einer Video-Sitemap, damit das Video von Google richtig erkannt wird. Dieses Thema behandle ich in Kapitel 5 genauer.

Videos und Ranking für die vertikale Suche

Folgende Dinge wirken sich auf das Ranking von Videos aus:

⇨ Keywords im Namen der Videodatei

⇨ Keywords in Beschreibung, Titel und Tags für YouTube-Videos

⇨ Videoformate (HD, 16:9 besser als 4:3)

⇨ Bewertungen und Linkpopularität der YouTube-Seite

⇨ Backlinkpopularität der Videoseite

Bilder und das Ranking der vertikalen Suche

Folgende Faktoren wirken sich bei Bildern auf das Ranking aus:

⇨ Keywords im Alt-Text, im Dateinamen oder in der Unterschrift des Bildes

⇨ Keywords in Text, Meta-Tags oder H1- bis H6-Tags, wo sich das Bild befindet

⇨ Keywords im Anchor-Text der Links, die auf das Bild verweisen

⇨ Linkpopularität des Bildes (intern und extern)

Blogs und das Ranking der vertikalen Suche

Folgende Faktoren wirken sich bei Blogs auf das Ranking aus:

⇨ Keywords in Title- und Description-Tag des Blogposts

⇨ Aktualität des Posts

⇨ Popularität der Thematik und der Domain (Blog)

⇨ Nutzungshäufigkeit von Domain und Feed

⇨ Standort für regionale Posts

Pinterest: Was ist das und wozu dient es?

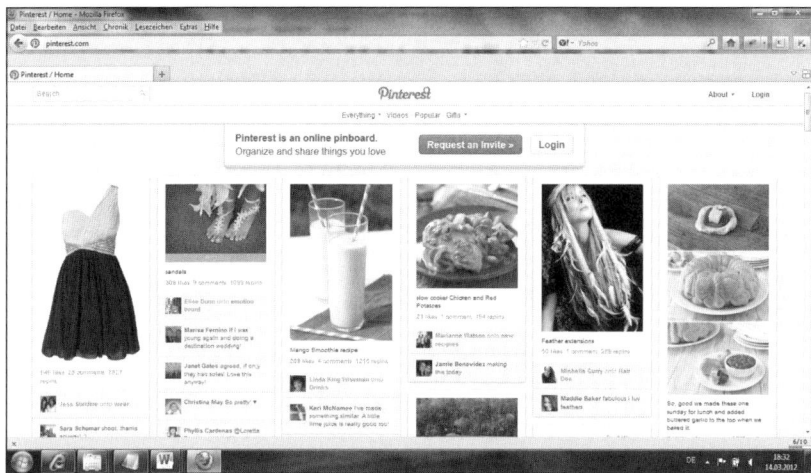

Abb. 7.27: Das soziale Netzwerk Pinterest (Quelle: Pinterest.com)

Pinterest.com ist ein brandaktuelles, ganz anderes soziales Netzwerk. Nutzer können durch Eingabe ihrer oder fremder URLs auf Pinterest Bilder hochladen, mit Links versehen und publizieren. Eine Anmeldung ist mit Facebook-Login-Daten möglich. Bilder werden zu den unterschiedlichsten Themengebieten verbreitet. Die Vernetzung erfolgt über Interessen, Ideen, Hobbys oder Einkauftipps auf virtuellen Pinnwänden. Die Geschäftsführung sitzt in Palo Alto, Kalifornien. Die Webseite läuft derzeit nur in englischer Sprache.

Diese Webseite gehört laut Alexa zu den Top 100 der meistbesuchten Seiten weltweit. 2011 wurde Pinterest.com vom TIME Magazine zu den besten 50 Webseiten des Jahres gekürt.

Pinterest und SEO

Höchstwahrscheinlich wird Pinterest ein weiteres Instrument für die Social Signals. Es ist sinnvoll, seine Bilder aus Blogposts oder der eigenen Webseite über Pinterest zu posten. Etwas Text und ein Link dazu kann nicht schaden. Vielleicht kommt zum Like-Button und +1-Button auf deutschen Webseiten noch ein Pinterest-Button dazu.

Neuerungen am SEO-Markt

Was beinhaltet das Panda-Update?

Panda-Update

Das Panda-Update war in mehreren Ländern aktiv. Einige Webseiten wurden in den Suchergebnissen von Google kräftig zurückgestuft. Das Ziel von Google lautet, qualitativ hochwertige Ergebnisse für den Benutzer anzubieten. Den meisten Linkfarmen wurde bereits ein Ende gesetzt. Google versucht, dauerhaft Webseiten mit guten Inhalten besser zu platzieren. Das Panda-Update ist eine Maßnahme von vielen, die Google durchgeführt hat, um den Algorithmus zu verbessern. Im März 2011 gab es schon das sogenannte Farmer-Update. Dabei mussten einige Contentfarmen dran glauben. Spamseiten sollen zukünftig durch neue Algorithmen herausgefiltert und aussortiert werden. Eine weitere Maßnahme ist die manuelle Vorgehensweise zum Aufspüren von Spam durch das Google-Spam-Team. Geleitet wird das Team von Google-Guru Matt Cutts.

Das Panda-Update war jedoch eine Maßnahme, die für große Diskussionen sorgte. Gute Inhalte werden dauerhaft mit besseren Rankings belohnt. Webseiten, auf denen nur Inhalte anderer zusammengefasst werden, haben keine so großen Chancen mehr. Redaktionelle und gut geschriebene Artikel werden zukünftig glänzen und einfallslose Kopien scheitern.

Gewinner und Verlierer des Panda-Updates

Bekannte Webseiten wie Focus oder Stern profitierten vom Panda-Update durch Verbesserung der Suchergebnisse. Facebook sowie Twitter verzeichneten nach dem Update mehr Treffer in den Top Ten von Google als vorher. Die Webseiten Yasni, Gutefrage.net und 123People gehören zu den Panda-Verlieren und mussten Rankings einbüßen.

Für Unternehmerwebseiten verbesserten sich teilweise die Platzierungen sogar. Wer seinen Content immer einzigartig geführt hat, braucht keine Bedenken zu haben. Replikate stehen mehr im Visier von Google. Portale mit Preisvergleichen wurden von Google abgestraft. Die Form der Bestrafung ist nicht überall gleich ausgefallen. Google führte auch manuelle Tests durch, um die Portale unter die Lupe zu nehmen.

Usability sorgt für längere Verweildauer

Je geringer die Absprungrate ist, umso besser fällt die Gesamtbewertung des Rankings durch Google aus. Es macht einen großen Unterschied, ob der User kurz auf die Seite geht und sie nach ein paar Sekunden wieder verlässt oder ob er sich längere Zeit damit beschäftigt und mehrere Inhalte anschaut.

Welche Fehler sollte man vermeiden, um den Panda-Standards zu entsprechen?

Google reagiert empfindlicher als je zuvor. Wer keine Abstrafung einkassieren möchte, sollte sich an bestimmte Regelungen halten. Man kann zwar nach einer Abstrafung den Content erneuern, aber besser ist es vorzugreifen, damit es erst gar nicht so weit kommt. Google setzt weiterhin auf Menschen aus dem Spam-Team, die diverse Webseiten auf Herz und Nieren durchchecken.

Zu viel Werbung und kaum Informatives auf einer Webseite

Zu viel Werbung zählt seit Kurzem als offizielles No-go bei Google. Wenn man die Webseite besucht und von Pop-Ups und Werbebannern zugemüllt wird, sodass gute Inhalte auf der Strecke bleiben, wirkt sich dies sicherlich nicht positiv auf die Bewertung durch Google aus. Wenn Sie dauerhaft bei Google punkten wollen, sollten in erster Linie gute Inhalte und Benutzerfreundlichkeit im Vordergrund stehen. Etwas Werbung über Google AdSense schadet der eigenen Webseite sicherlich nicht. Denn diese stammt aus dem Hause Google.

Interne Verlinkungen, die zu leeren Seiten führen

Manchmal findet man Unterseiten auf einer Webpräsenz, die fast leer sind. Gute und wichtige Inhalte einer Webseite sollten intern häufiger verlinkt werden, als unwichtige Seiten mit wenig Inhalt. Anhand des Besuchs durch den Googlebot kann Google dies auch erkennen. Es ergibt wenig Sinn, eine Unterseite mit nur ein bis zwei Sätzen häufig zu verlinken. Ausnahmen bestätigen die Regel, wenn z.b. ein gutes Tool auf einer Seite angeboten wird, das dem Nutzer einen Vorteil verschafft.

Doppelter oder zu ähnlicher Content

Wenn ein Thema in ähnlicher Form mehrmals auf ein und derselben Seite veröffentlicht wird und die Texte immer dieselben Schlüsselwörter oder Titel enthalten, kann dies zur Abstrafung führen. Komplett kopierte Inhalte werden ebenfalls abgewertet. Dies können K.-o.-Kriterien darstellen. Dauerhaft ist es sinnvoll, immer wieder frische Inhalte zu publizieren. Denn diese bieten dem Nutzer einen Mehrwert und Google belohnt das.

TIPP

Hochwertige Inhalte verbessern das Ranking. Die Texte sollten für den Leser erstellt werden und nicht für Suchmaschinen. Vom Panda-Update betroffene Seiten sollten in ihrer Qualität verbessert werden. Es ist sinnvoll, Inhalte mit sehr schlechter Qualität zu löschen. Überprüfen Sie einzelne Unterseiten. Jede einzelne Seite braucht individuelle Meta-Tags, Überschriften und Texte. Wenn Ihnen eine bestimmte Unterseite wichtig ist, ergänzen Sie den Content mit neuem Inhalt. Dadurch kann sich das Ranking noch mal verbessern.

Wichtige Informationsquellen im Internet zum Thema SEO

Langfristiger Erfolg im Bereich Suchmaschinenoptimierung bedarf einer kontinuierlichen Weiterentwicklung. Der Markt verändert sich ständig und wer nicht am Ball bleibt, verliert schnell wieder eine gute Platzierung in den Suchmaschinen. Die Konkurrenz schläft nicht. Aus diesem Grund ist es wichtig, sich über diverse Fachmedien zum Thema zu informieren.

Deutsche Internetseiten und Fachzeitschriften

Das Magazin für die SEO-Branche „Website Boosting"

**Abb. 8.1: Das Magazin „Website Boosting"
(Quelle: Websiteboosting.com)**

Das Magazin bietet hochwertige Informationen zu den Themen SEO, SEM, Usability, Tools und alles, was dazugehört. Spezialisten schreiben über die aktuellen Trends für Anfänger, Fortgeschrittene und Experten. Das Magazin ist online bestellbar sowie am Kiosk erhältlich.

Kostenloses Onlinemagazin für SEM und SEO „Suchradar"

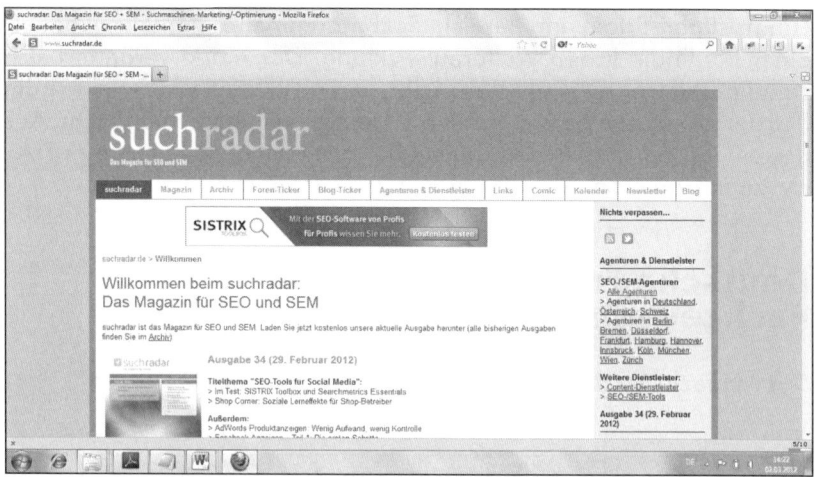

Abb. 8.2: Das Onlinemagazin für SEM und SEO „Suchradar"
(Quelle: Suchradar.de)

Suchradar veröffentlicht Tests und Informationen zu SEO-Tools sowie Fachartikel zu SEM, SEO und Social Media.

Weitere deutschsprachige Seiten

⇨ googlewebmastercentral-de.blogspot.com

⇨ sistrix.de/news

⇨ at-web.de/

Englischsprachige Internetseiten

SEOmoz SEO-Software- und Informationsblog

SEOmoz ist einer der bekanntesten Softwareanbieter im englisch-sprachigen Raum mit Sitz in Seattle. Rand Fishkin, Mitgründer von

SEOmoz, reist durch die Welt und referiert zum Thema. Häufig sind die Mitarbeiter dieser Firma auch in Deutschland unterwegs und teilen ihr Wissen, z.B. bei der Fachkonferenz SMX in München. Der Blog von SEOmoz liefert aktuelle Informationen im Bereich SEO und SEM, wie Studien, Artikel und Strategien inklusive Rankingfaktoren.

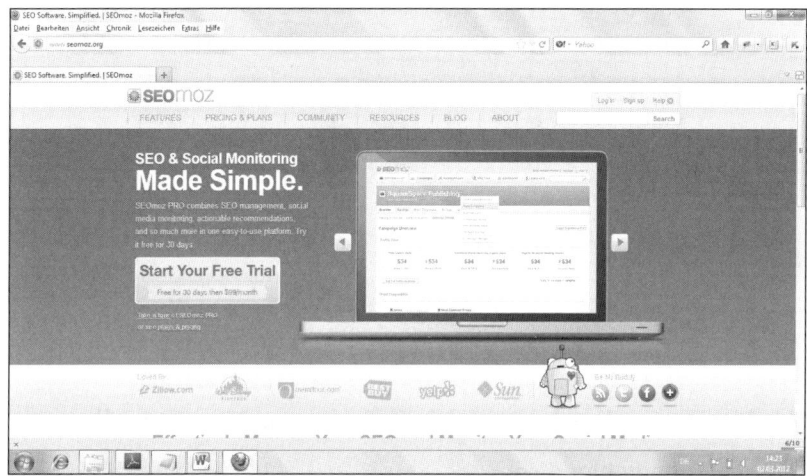

**Abb. 8.3: Das SEO-Software- und Informationsblog SEOmoz
(Quelle: Seomoz.org)**

Search Engine Watch: Onlinemagazin zu SEM, PPC, SEO

Search Engine Watch ist ein Onlinemagazin mit nützlichen Tipps und Informationen zur Suche im Internet.

**Abb. 8.4: Das Onlinemagazin Search Engine Watch
(Quelle: Searchenginewatch.com)**

Weitere englischsprachige Informationsquellen

⇨ searchengineland.com

⇨ searchenginejournal.com

⇨ mattcutts.com/blog

⇨ googleblog.blogspot.com

Weiterbildungsmöglichkeit der Branche

AFS Akademie

Die AFS Akademie bietet Weiterbildungen zum Thema SEO an. Bei Abschluss erhält man ein Zertifikat. Experten der Branche referieren für die Akademie.

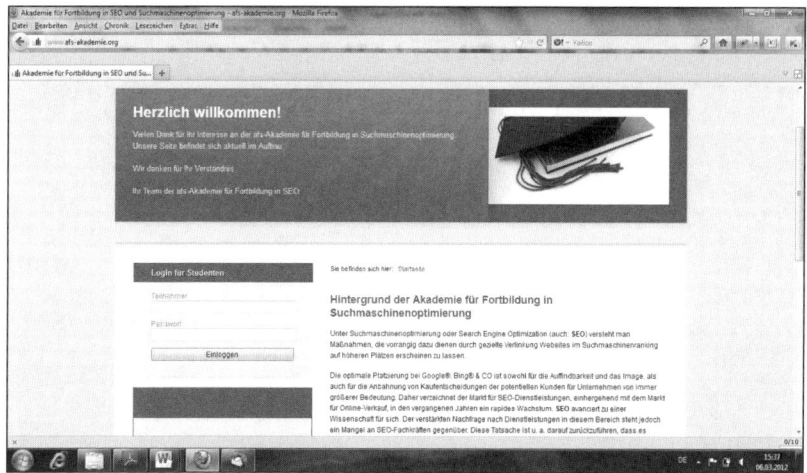

**Abb. 8.5: Der Internetauftritt der AFS Akademie
(Quelle: Afs-akademie.org)**

SEO-Veranstaltungen: Wissensvorsprung mitnehmen

SMX München

Die Konferenz für Suchmaschinenmarketing und Suchmaschinenoptimierung findet in München statt. Die Search Marketing Expo beinhaltet eine Konferenz mit Experten wie Rand Fishkin von SEOmoz, Prof. Dr. Mario Fischer, Gründer von Website Boosting, Jens Fauldrath, Teamleiter SEO der Deutschen Telekom, und Marco Janck, Veranstalter der SEO Campixx.

Abb. 8.6: SMX München – Konferenz für Suchmaschinenmarketing und Suchmaschinenoptimierung (Quelle: Smxmuenchen.de)

SEO Day Köln

Abb. 8.7: SEO-Konferenz SEO Day Köln (Quelle: Seoday.de)

Der SEO Day findet in Köln statt und ist eine der jüngsten Konferenzen der Branche. 2012 findet die Konferenz zum zweiten Mal statt. Experten wie Marcus Tandler, Johannes Beus, Marcus Tober oder Markus Hövener versorgen die Teilnehmer dort mit Fachwissen.

SEO Campixx Berlin

Die SEO Campixx ist eine außergewöhnliche Konferenzform. Workshops werden von den Teilnehmern selbst gestaltet. Ein zusätzlicher Tool-Day wird angeboten, um detaillierte Einblicke in die Welt der SEO-Tools zu erhalten. Barcamps, Konferenzen, Networking-Event, Fun-Event und Konzert-Event werden in einer Veranstaltung geboten.

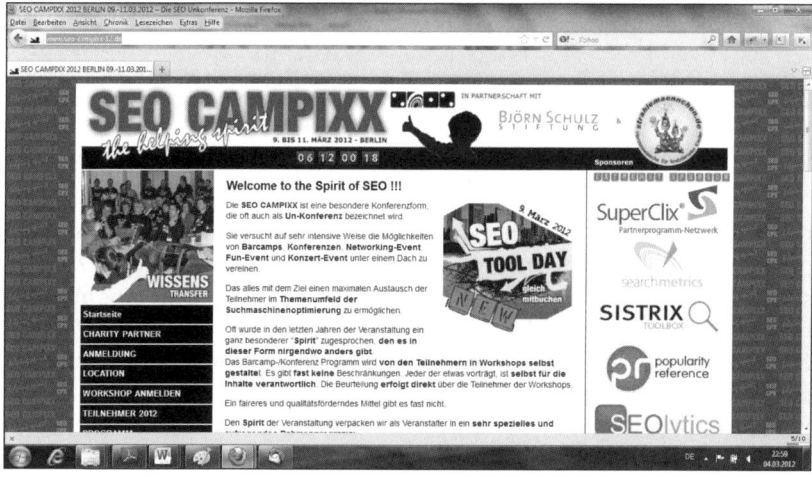

Abb. 8.8: SEO-Konferenz SEO Campixx (Quelle: Seo-Campixx.de)

The Search Conference

**Abb. 8.9: SEO-Konferenz The Search Conference
(Quelle: Searchconference.de)**

Die Konferenz The Search Conference findet in München, Frankfurt und Hamburg statt. Vorträge zu den aktuellen Trends der Branche sowie aktuelle Studien oder Linkstrategien werden dort angeboten. Onlinemarketingleiter, Onlinemarketingmanager, SEO/SEM-Verant-wortliche, E-Commerce-Leiter und Geschäftsführer aus mittelständi-schen bis Großunternehmen aller Branchen sind Zielgruppe dieser Veranstaltung.

SEOkomm

Internationale Referenten teilen ihr Fachwissen über zwei Tage mit den Teilnehmern der SEOkomm. Zusätzlich stehen Seminare auf dem Programm. Die Konferenz richtet sich an Suchmaschinenopti-mierer und Entscheider.

Abb. 8.10: SEO-Konferenz SEOkomm (Quelle: Seokomm.at)

Was bietet Google+ und wie können Sie es effektiv nutzen?

Google+ ist innerhalb kurzer Zeit eines der wichtigsten sozialen Netzwerke geworden. Fakt ist: Google+ wirkt sich jetzt schon auf die Suchergebnisse aus, wenn auch nicht direkt auf die organische Suche von Google. Die Auswirkungen machen sich nur bemerkbar, wenn der User in seinen Google-Account eingeloggt ist. Da Google selbst Statistiken über die Aktivitäten von Google+ in den Webmaster-Tools eingebaut hat, kann man zukünftig davon ausgehen, dass ein gepflegter und aktiv genutzter Google+-Account zur Auffindbarkeit in den Suchergebnissen beiträgt.

Google+-Links im Index von Google

Google selbst liebt Links aus Google+-Profilen. Denn wenn man mittels des Befehls link:webseite.de über Google bekannte Webseiten überprüft, ist sehr häufig ein Link aus Google+-Profilen zu finden. Wenn der Link dort zu finden ist, ist er auch für Google relevant!

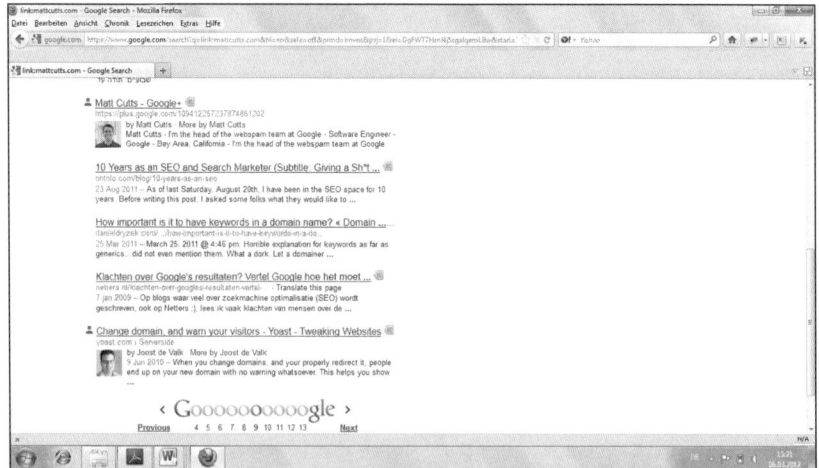

Abb. 8.11: Link aus einem Google+-Profil mit dem Befehl
link:mattcutts.com **(Quelle: Google.de)**

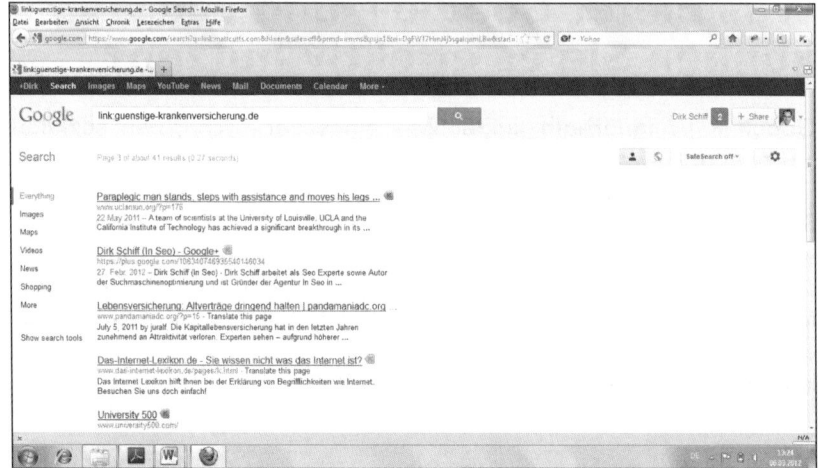

Abb. 8.12: Link aus einem Google+-Profil mit dem Befehl
link:guenstige-krankenversicherung.de **(Quelle: Google.de)**

Google+ und die Suchergebnisse

Über das Author-Tag werden Personen mit Bild aus ihrem Google+-Profil in den Suchergebnissen aufgelistet. Für Unternehmer ist das soziale Netzwerk eine interessante Alternative zu Facebook und Twitter. Die Suchergebnisse zeigen, dass Postings über Google+ besser indexiert werden können. Indexiert werden bei Google+ Texte aus Postings, Biografien, Bilder und Profile. Alle Suchergebnisse, für die ein Plus gegeben werden kann, können indexiert werden.

Dazu kommt, dass bei Google+-Profilen durchschnittlich mehr Wörter gelesen werden als bei Facebook- oder Twitter-Profilen. Ich habe einen Test mit einem Simulator (*http://www.pagerank.net/search-engine-simulator/*) durchgeführt, wie viel und welcher Text bei den Profilen der Netzwerke Google+, Facebook und Twitter durch die Suchmaschinen-Crawler gelesen wird. Alle Profile beinhalten einen ähnlichen Text.

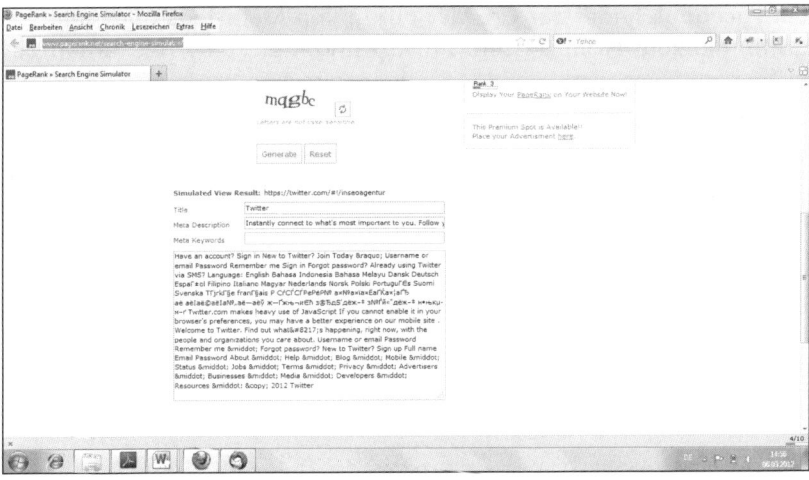

Abb. 8.13: Beispiel des Simulators PageRank: Twitter-Profil der SEO-Agentur In Seo (Quelle: Pagerank.net)

Im Twitter-Profil findet der Crawler in Text und Meta-Tags keine relevanten Begriffe, die zum Profil passen.

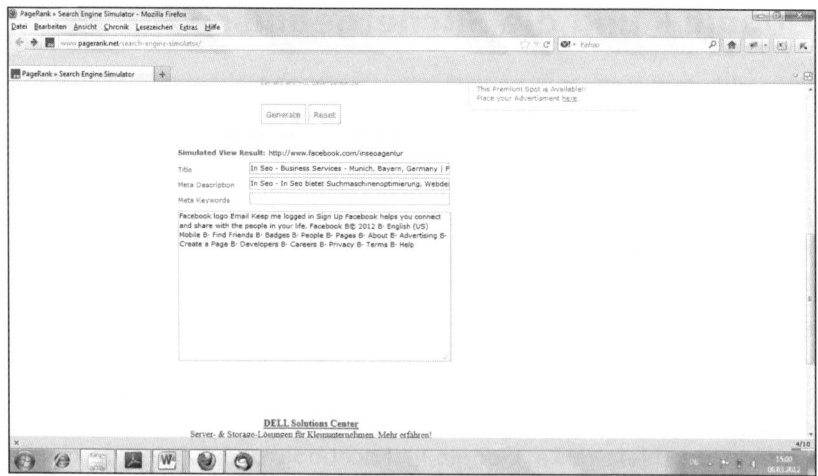

Abb. 8.14: Beispiel des Simulators PageRank: Facebook-Profil der SEO-Agentur In Seo (Quelle: Pagerank.net)

Bei Facebook findet der Crawler nur in den Meta-Tags relevante Begriffe, die zum Profil passen. Im Text findet er keine relevanten Begriffe.

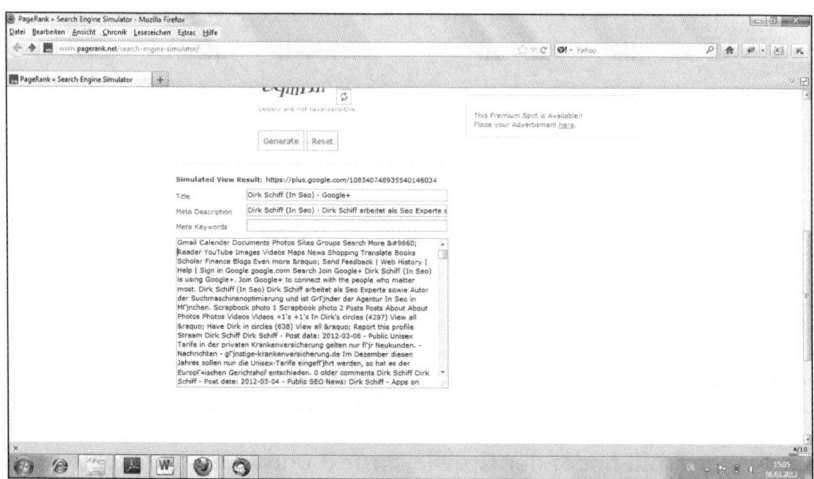

Abb. 8.15: Beispiel des Simulators PageRank: Google+-Profil der SEO-Agentur In Seo (Quelle: Pagerank.net)

Bei Google+ findet der Crawler relevante Begriffe in Meta-Tags und Text des Profils.

Google+-Profil

Jeder Webseitenbetreiber sollte sich ein Profil bei einem der bekanntesten sozialen Netzwerke anlegen. Auch eine Firmenseite bei Google+ ergibt Sinn für die Präsentation des Unternehmens.

Content ist immer noch der König: Warum?

Einzigartiger Content

Einzigartiger Inhalt – in der Fachsprache *unique Content* genannt – ist eines der wichtigsten Kriterien, um ein gutes Ranking bei Google zu erhalten. Die Texte sollten dazu noch regelmäßig aktualisiert werden. In bestimmten Branchen ist es notwendig, fast täglich Nachrichten zu publizieren, wenn man ganz vorn mitmischen möchte.

Große und gut platzierte Internetportale wie Immobilienscout, 1A-Krankenversicherung oder Gute-Frage.net sorgen täglich für neuen Content.

Doch wie geht man vor, um neuen Content zu generieren? Dafür gibt es viele Möglichkeiten. Perfekt eignet sich eine Mischung aus automatisierter Generierung von Content und journalistischen Nachrichten.

Automatisierter Content

Automatisierter Aufbau von neuen Unterseiten für das eigene Portal kann Kleinanzeigen, Webseitenanalysen mit Abspeicherung der Ergebnisse als Unterseite in einem Webkatalog oder Foren bieten. Dabei ist die Optimierung der Inhalte von großer Bedeutung. Das heißt, die Meta-Tags müssen bei der Erstellung einer Webseite richtig definiert werden. Meta-Title, Meta-Description, Meta-Keywords und eine H1-Überschrift können automatisiert erstellt werden, sodass diese Tags immer individuell auf die jeweilige Unterseite zugeschnitten sind. Auch Frage-Antwort-Seiten eignen sich für die Generierung von automatisiertem Content.

Journalistische Inhalte

Nachrichten, die thematisch zur Internetseite passen, stellt man regelmäßig auf seiner Seite ein. Je aktueller die Inhalte sind, umso besser wirkt sich dies auf die Benutzer aus. Es ist jedoch nicht immer einfach, etwas Passendes zum Thema zu finden, ohne auf bestimmte Quellen zurückgreifen zu müssen. Viele Seitenbetreiber suchen sich Themen in den Google News raus und schreiben diese Texte einfach als unique Text um. Dies sieht man daran, dass die gleichen Inhalte mehrmals untereinander in den Google News auftauchen. Besser ist es jedoch, wenn man aus anderen Quellen recherchiert und als Erster mit der neuen Information am Start ist. Zum Beispiel kann man eine eigene Studie über ein Benutzerverhalten durchführen und diese veröffentlichen. Aufgrund diverser Updates (Panda-Update, Farmer-Update), die von Google durchgeführt wurden, wird noch strenger auf einzigartige Inhalte geschaut. Einige Seiten mit kopierten Texten erhielten eine Abstrafung von der weltgrößten Suchmaschine.

Text Spinning

Text Spinning ist ein Verfahren, ein und denselben Artikel automatisiert über eine Software in einer hohen Anzahl so umzuschreiben, dass der Text durch Contentprüfer wie Plagaware den Test auf unique Content besteht. Die Methode ist allerdings umstritten. Es ist unklar, ob man mit gespinnten Texten von Google abgestraft wird. Experten sind sich hier nicht einig. Früher oder später entlarven die Google-Jungs den Bluff. Beim Panda-Update sollen schon einige Seiten mit solchen Methoden aus dem Verkehr gezogen worden sein. Matt Cutts, der Google-Guru, berichtete auf seinem Blog, dass sich zukünftig spezialisierte Teams im Internet um Spamgeschichten kümmern.

TIPP

Versuchen Sie, so häufig wie möglich unique Content zu publizieren. Durch weitere Algorithmusanpassungen nach dem Panda-Update ranken frische, einzigartige Inhalte besser als je zuvor. Mit mehr Unterseiten erzielen Sie auch mehr Rankings mit unterschiedlichen Suchbegriffen.

Social Signals: Was ist das und was bringt es?

Social Signals sind die Nennungen einer URL in sozialen Netzwerken wie z.B. Facebook, Twitter oder Google+. Die Signale aus sozialen Netzwerken werden gemessen und ausgelesen. Die Anzahl dieser Nennungen wird bei professionellen SEO-Tools wie SISTRIX oder Searchmetrics detailliert angezeigt. Darunter fallen Tweets und Retweets von Twitter, Likes und Links in Kommentaren von Facebook und +1-Klicks von Google+.

Signale aus sozialen Netzwerken wirken sich auf das Ranking bei Google aus. Wie genau sie sich auswirken, ist derzeit noch nicht im Detail bekannt. Soziale Netzwerke werden zukünftig wichtiger für den Bereich Suchmaschinenoptimierung. Heute gehören soziale Medien zum Handwerkszeug eines Suchmaschinenoptimierers. Die Optimierung einer Webseite besteht nicht nur aus Onpage- und Offpage-Optimierung. Immer mehr Google-Komponenten müssen bei einer Seitenoptimierung berücksichtigt werden.

Searchmetrics brachte vor Kurzem eine Studie über Rankingfaktoren heraus, bei der Social Signals eine große Rolle spielen.

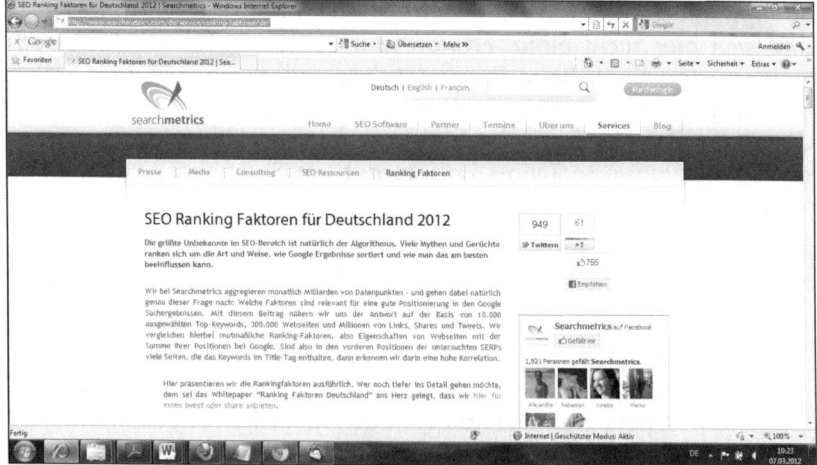

Abb. 8.16: Studie von Searchmetrics (Quelle: Searchmetrics.com)

Social Signals sind auch in Deutschland angekommen und sorgen für umfassende Diskussionen in alle Richtungen.

Fehler im Content und doppelten Content korrigieren

Doppelter Content wird von Google abgewertet. Überprüfen lässt sich der Content mit verschiedenen Tools. Ein qualitativ hochwertiger Content benötigt viel Zeit. Einige Webseiten wurden mit dem Panda-Update abgewertet. Auch Content, der mit einem Text-Spinner generiert wurde, wird zukünftig keinen Bestand haben. Weder die Leser noch die Suchmaschinen mögen gespinnte Texte, zumal diese häufig keinen Sinn ergeben.

Zum hochwertigen Content gehören auch Bilder oder Videos.

Doppelter Content

Duplicate Content bedeutet doppelter Inhalt. In der Praxis heißt das, dass zwei gleiche Texte auf unterschiedlichen URLs zu finden sind. Oftmals handelt es sich dabei um Webseiten, bei denen der Seiten-betreiber die gleichen Inhalte auf eine andere seiner eigenen Domains kopiert.

Ein Beispiel: Friseurmeister Müller aus Köln eröffnet eine neue Filiale in Frechen. Um Kosten zu sparen, kopiert er die kompletten Inhalte auf die Webseite mit dem neuen Namen Mueller-Friseur-Frechen.de. Unwissentlich nutzt er jetzt zwei Domains mit den gleichen Inhalten und wird bei Google abgestraft bzw. mit einer der beiden Domains nicht so gut aufgefunden wie mit der anderen, obwohl er beide Domains gleich gut für die Suchmaschinen optimiert hat.

Inhalte werden manchmal auch umgeschrieben, sodass diese immer noch dem alten Content ähneln. Auch diese Variante ist nicht sinnvoll. Man sollte sich hier die Arbeit machen und neuen Content generieren.

Korrektur

Wenn doppelter oder ähnlicher Content vorhanden ist, kann eine Erneuerung für bessere Rankings sorgen. Schließlich gelangt der Googlebot immer wieder auf die Webseite und crawlt den erneuerten Content.

Meta-Tags und URLs

Gleiche Meta-Tags und URLs sind ebenfalls komplett zu ändern.

SEO nach Richtlinien von Google mit Webmaster-Tools als Instrument

Die Einführung in die Suchmaschinenoptimierung wird von Google in einem PDF-Dokument ausführlich erklärt. Diese Richtlinien lassen sich in Verbindung mit den Webmaster-Tools von Google praktisch gut anwenden.

Wer sich an die Richtlinien von Google hält, wird langfristig mit Kontinuität und einem Blick über den Tellerrand hinaus Erfolge bei der Suchmaschinenoptimierung erzielen.

Angefangen bei den Grundlagen der Suchmaschinenoptimierung über technische Details bis hin zu Inhalten und Struktur einer Webseite vermittelt das Google-PDF-Dokument auf 32 Seiten einige relevante Informationen, um ein besseres Ranking zu erzielen.

Navigation, Bilderoptimierung, Überschriften-Tags, Robots und Linkattribute sind Themen, die dort ebenfalls behandelt werden. Ein großer Themenpunkt ist die mobile Suche. Es wird darauf hingewiesen, dass eine mobile Version der Webseite erstellt werden soll.

Linkaufbau

Die Verbreitung von Nachrichten auf Blogs, inklusive der Anwendung von RSS-Feeds, sind Aspekte, die laut den Richtlinien von Google zum Linkaufbau gehören. Google gibt Denkanstöße und Signale, die ich im Folgenden anhand von Beispielen erläutern werde.

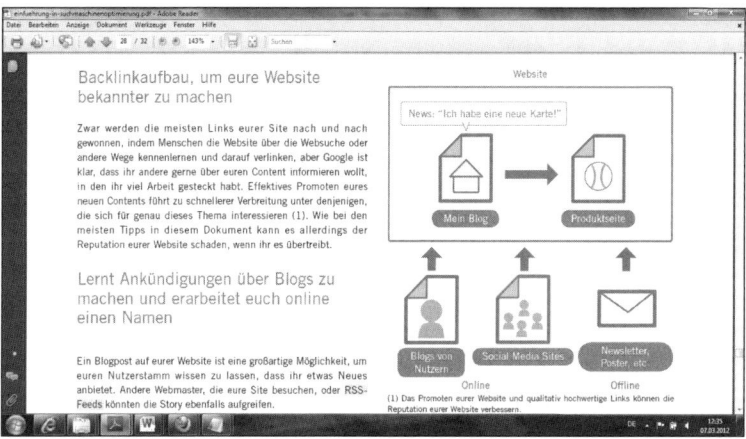

Abb. 8.17: Linkaufbau – Beispiel 1
(Quelle: Google.de PDF-Dokument)

Im Beispiel lässt sich erkennen, dass die Publikation über soziale Netzwerke schon seit längerer Zeit etwas mit Suchmaschinenoptimierung zu tun hat. Denn dort wird geraten, seine News über Social-Media-Sites zu publizieren.

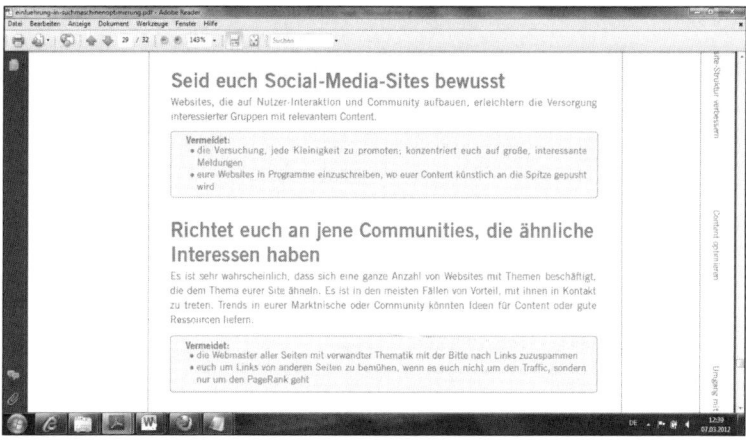

Abb. 8.18: Linkaufbau – Beispiel 2
(Quelle: Google.de PDF-Dokument)

Vermieden werden soll die Verbreitung einer Nachricht mit gleichem Inhalt auf zu vielen Seiten. Damit ist schon gesagt, was getan werden muss. Schreiben Sie unterschiedliche und spannende Nachrichten, wobei nicht immer ein und dieselbe Nachricht auf verschiedenen Portalen veröffentlicht wird, auch nicht wenn der Text leicht abgeändert wird.

Black-Hat-Angebote sollen vermieden werden. 10.000 Einträge mit gleichem Inhalt innerhalb kurzer Zeit bringen einer Webseite nichts!

Arbeiten Sie das Dokument „Einführung in die Suchmaschinenoptimierung" von Google Schritt für Schritt durch und übertragen Sie jede Einzelheit auf Ihre Webseite. Überprüfen Sie die technischen Einstellungen Ihrer Webseite wie z.b. Meta-Tags oder lassen Sie diese von Ihrem Webmaster prüfen.

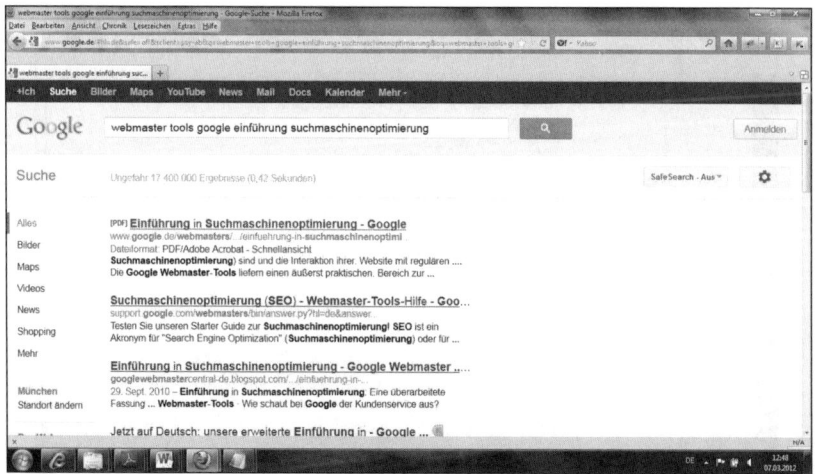

Abb. 8.19: Suche nach dem Dokument „Einführung in die Suchmaschinenoptimierung" (Quelle: Google.de)

So finden Sie das Dokument: Geben Sie in Ihrem Webbrowser beispielsweise die Suchbegriffe Webmaster Tools Google Einführung
Suchmaschinenoptimierung ein.

Ausblick: Mobiles Internet jetzt schon als Chance nutzen

Mobiles Internet, SEO und mobile Suche

Die Zahl der Smartphone- und iPad-User ist rasant gestiegen. Immer
mehr Internetseiten werden hinsichtlich der mobilen Suche ausgerichtet. Das heißt, die klassische Webseite wird als mobile Version erstellt, sodass der mobile User die Möglichkeit hat, die gleichen Inhalte optimal auf seinem Smartphone oder iPad dargestellt zu bekommen. Gewöhnliche Internetseiten sind auf Smartphones nicht immer
gut zu bedienen. Manchmal lassen sich die Seiten gar nicht aufrufen,
weil das Format einfach viel zu groß ist und es technisch nicht richtig
machbar ist. Um den mobilen User dauerhaft zu erreichen, wird eine
mobile Version einer Webseite immer wichtiger.

Ein mobiler Googlebot erkundet mobile Internetseiten. Dies könnte
bedeuten, dass auf Dauer gesehen ein separater Algorithmus für die
mobile Suche im Internet bei Google aktiv wird. Die Benutzerfreundlichkeit der mobilen Suche soll durch den mobilen Googlebot verbessert werden. Der neue Crawler kann speziell mobil optimierte Inhalte
aufspüren. Durch ein speziell entwickeltes Feature von Google ist
der Bot in der Lage, mobile Webseiten von herkömmlichen zu unter-
scheiden. Mit der Skip-Redirect-Funktion entdeckt Google die mobile
Version der Internetpräsenz und ändert das Linkziel in den mobilen
Suchergebnissen. Damit gelangt der mobile User schneller auf die
gewählte Seite als vorher. Dieser Vorgang verbessert die Ladezeit der
Zielseite im Durchschnitt um 0,5 bis 1 Sekunde.

Zukünftig nutzen immer mehr Internetuser Tablet-Computer oder Smartphones

Durch moderne Technik und ein breit gefächertes Angebot von mobilen Geräten bieten sich neue Möglichkeiten für bisher unerfahrene Personen, den Einstieg ins Internet zu realisieren. Circa 25 Prozent der Internetnutzer gehen über mobile Geräte unterwegs online. Bei einer schnelleren Datenübertragung würden gemäß einer Studie von Initiative D21 40 Prozent der Deutschen häufiger mobil surfen (Quelle: *http://www.initiatived21.de/portfolio/mobile-internetnutzung*). Diese Personen können sich sogar vorstellen, bei angemessener Geschwindigkeit nur einen mobilen Zugang zu nutzen.

Was teilt Google hinsichtlich des mobilen Internets mit?

Google glaubt, dass das mobile Internet immer wichtiger wird, und startete eine Initiative mit dem Namen „READY TO GO MO".

Inhalte der Initiative von Google: Immer mehr Menschen nutzen mobile Geräte, um online zu gehen. Verfügt Ihr Unternehmen über eine Handy-freundliche Seite? Falls nicht oder falls Sie sich nicht sicher sind, sind Sie hier an der richtigen Stelle, um loszulegen.

Quellen:

⇨ *http://support.google.com/webmasters/bin/answer.py?hl=en&answer=72462*

⇨ *http://www.howtogomo.com/en/d/*

TIPP

Wer dauerhaft richtig erfolgreich im Internet unterwegs sein möchte, der sollte sich jetzt schon über eine mobile Version seiner Webseite Gedanken machen.

Änderungen bei Google außerhalb des Panda-Updates inklusive Author-Tag

Google kündigte vor Kurzem an, jährlich mehr als 100 Änderungen am Suchalgorithmus vorzunehmen. Die Qualität der Inhalte sowie die der Suchergebnisse wird verbessert. Schritt für Schritt werden Anpassungen durchgeführt. Manuelle Tests inklusive Abstrafungen von Seiten führt das Google-Spam-Team durch. Abgeschriebene Inhalte verlieren an Bedeutung. Besser bewertet sind Texte aus der eigenen Redaktion. In Zukunft ist hochwertigere Suchmaschinenoptimierung gefragt.

Nicht alle Rankings werden allein durch SEO bestimmbar sein. Das kann man allein schon an den veränderten Snippets erkennen. Google blendet zusätzlich häufig wissenschaftliche Suchergebnisse in der organischen Suche mit ein, die nicht speziell suchmaschinenoptimiert wurden. Die regionalen Ergebnisse aus Places, Shopping-Ergebnisse, Videos sowie Google+ sind schon ein Teil der organischen Suche bei Google geworden. Der Anspruch an SEO steigt weiterhin.

Welche Veränderungen sind seit dem Panda-Update hinzugekommen?

Snippets

In der Regel werden die Meta-Tags Title und Description für die Snippets verwendet. Die Snippets sind das, was der Suchende in den organischen Suchergebnissen angezeigt bekommt. Google kann unter gewissen Umständen die Überschrift und den Text für die Snippets selbst auswählen. Wenn Google der Ansicht ist, dass ein Teil mitten aus dem Text der Seite besser als Überschrift oder Beschreibung im Bereich des Snippets passt und besser mit dem Rest der Seite harmoniert, kann es sein, dass nicht Title oder Description für die Snippets verwendet werden.

Relevanz Stimmigkeit Seiteninhalte, -titel und -thema

Die Stimmigkeit der Seiteninhalte in Verbindung mit der Thematik und dem ausgewählten Titel der Präsenz gewinnt immer mehr an Relevanz für die Bewertung durch Google. Besonders gut machen sich frische und einzigartig publizierte Inhalte. Wenn sie dann noch perfekt zum Thema der Seite passen, wird man zumindest schon für einen Rankingfaktor gut abschneiden. Ebenso ist die Auswahl des Meta-Tags Title für die Bewertung durch Google relevant. Der Nachrichtentext muss mit der Überschrift der Seite oder Unterseite sowie dem Meta-Tag Title und der URL übereinstimmen.

Relevanz einer Nachricht

Die Relevanz einer Mitteilung hat an Bedeutung gewonnen. Google plant, zukünftig maßgebliche und relevante Ergebnisse für die User verbessert darzustellen. Offizielle Webseiten sollten somit mit den Pressemitteilungen, die über das eigene Unternehmen berichten, vor der Konkurrenz liegen, wenn diese über das gleiche Thema berichtet. In der Praxis bedeutet das, wenn Hexal das neue Hustenpräparat aus dem eigenen Hause auf dem Blog von Hexal vorstellt, rankt diese Seite vor der Onlineapotheke, die das Hustenpräparat auch vorstellt.

Mit neuen Inhalten bessere Platzierungen erzielen

Neue Inhalte, die noch nicht auf anderen Seiten veröffentlicht wurden, haben bessere Chancen, gut zu ranken, als es bisher der Fall war. Diese Information kündigte Matt Cutts auf seinem Blog an. Wer regelmäßig frische Inhalte erzeugt, hat bessere Möglichkeiten, Rankings dazuzugewinnen. Bis zu 35 Prozent aller Suchanfragen bei Google können betroffen sein. Bemerkbar macht es sich derzeit aber nur bei 6 bis 10 Prozent aller Suchanfragen. Neben neuen Inhalten punktet man sicherlich auch mit eigenem Branding. Auch Google beurteilt eigene Marken sowie einen hohen Wiedererkennungswert gut.

Autorenschaft bei Google mit dem Author-Tag

Google hat vor Kurzem das sogenannte *Author-Tag* eingeführt. Mit dem Attribut rel="author" kann die Autorenschaft für Google nachgewiesen werden. Bestimmte Texte, die Sie als Autor geschrieben haben, können Sie mit dem Author-Tag deklarieren. Sinn und Zweck dieser Sache ist, dass Sie in den Suchmaschinenergebnissen als Autor Ihrer Texte mit Bild zu sehen sind. Daraus lässt sich die Wichtigkeit einer Person für Google schließen. Personen werden in die Suchmaschinenergebnisse mit einbezogen und können Texten zugeordnet werden.

Was braucht man für die Autorenschaft bei Google?

⇨ Google-Profil

⇨ technischer Einbau des Tags

Wenn Sie noch nicht bei Google+ angemeldet sind, bedarf es vor dem Einbau des Author-Tags einer Profilanmeldung. Ihre ID von Google+ wird mit dem Blog oder der Webseite, für die Sie schreiben, verankert. Dies kann die eigene, aber auch eine fremde Webseite sein. Die ID befindet sich in der URL Ihres Profils.

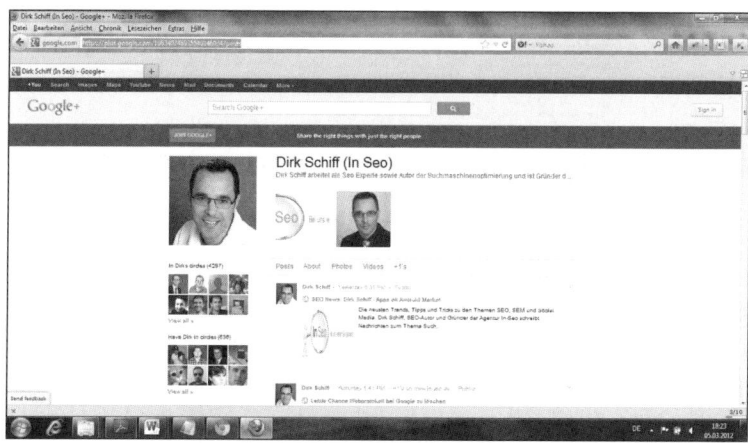

Abb. 8.20: ID-Beispiel https://plus.google.com/10834074893554 0146034 (Quelle: Plus.google.com)

Die Zahl am Ende der URL ist die ID, die für den Einbau der Webseite für die Autorenschaft benötigt wird. Wenn das Profil angemeldet ist, setzen Sie einen Link von Ihrem Blog zu Ihrem Google+-Profil. In diesem Link wird das Author-Tag eingebaut.

Ein Beispiel:

```
<a href="
https://plus.google.com/108340748935540146034"
rel="author">Dirk Schiff</a>
```

Nach dem Einbau können Sie über ein Tool von Google testen, ob alles ordnungsgemäß eingebaut ist und der Link funktioniert. Unter *http://www.google.de/webmasters/tools/richsnippets* geben Sie nur die URL ein, wo Sie den Link eingebaut haben.

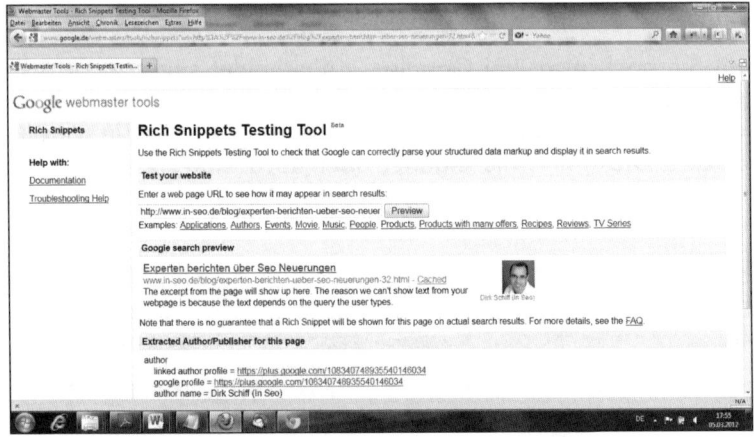

Abb. 8.21: Das Rich Snippets Testing Tool (Quelle: Google.de)

Antrag auf Autorenschaft

Auf der Seite *https://spreadsheets.google.com/spreadsheet/viewfor m?formkey=dHdCLVRwcTlvOWFKQXhNbEgtbE10QVE6MQ&ndplr=1* kann die Autorenschaft nach Abschluss der obigen Punkte beantragt werden.

Abb. 8.22: Antrag auf Autorenschaft (Quelle: Google.de)

Damit sind alle Voraussetzungen erfüllt, sodass man in den Suchergebnissen als Autor angezeigt werden kann. In dieser Anleitung wird die Vorgehensweise allgemein beschrieben. Für Webseiten mit mehreren Autoren oder WordPress-Blogs gelten wiederum andere Regelungen. Bei WordPress gibt es spezielle Plugins, bei denen die Google+-ID eingegeben wird und alle Texte von einem Autor erkannt werden.

Google gibt keine Garantie dafür, dass man immer als Autor der gekennzeichneten Texte mit Bild in Form von sogenannten *Rich Snippets* erscheint. Bei der Überprüfung des Rich Snippets erscheint nicht der Originaltext, der in den Suchmaschinenergebnissen erscheint, da der Text aus den Ergebnissen sich immer nach der Nutzeranfrage richtet.

Nachrichtenportale wie articlesbase.com arbeiten schon mit dem Author-Tag. Das heißt, wenn Sie dort schreiben, können Sie über den Administrationsbereich Ihre Google+-ID eingeben und werden automatisch für die Rich Snippets vorgeschlagen.

Google ändert den Algorithmus und plant semantische Suche

Google ändert den Algorithmus in Kürze noch einmal. Doch diesmal geht es um eine neue Art der Abstrafung, wie Matt Cutts, Chef des Google-Spam-Teams, angekündigt hat. Überoptimierte Webseiten sind diejenigen, die abgestraft werden. Schon im April 2012 werden die ersten Penaltys (Abstrafungen) durch Google erfolgen. Für die sogenannte SEOed-Taktik kommen in der nächsten Zeit einige Veränderungen zum Tragen. Ob diese härter sind als das Panda-Update, bleibt abzuwarten. Sicher ist jedenfalls, dass die Seiten, deren Suchmaschinenoptimierung übermäßig stark bearbeitet wurde, fest mit einer Abstrafung rechnen können. Keyword Stuffing wird schon seit einiger Zeit bestraft. Seiten, die mit Keywords vollgestopft sind, können noch verändert werden.

Für alle Webseitenbetreiber sollen die gleichen Wettbewerbsbedingungen geschaffen werden. Während des Panels auf dem SXSW hat Matt Cutts auf einem Band die neuen SEOed-Maßnahmen angekündigt. Überoptimierte Webseiten werden durch die Veränderungen des Google-Algorithmus abgestraft. Gleiche Bedingungen für alle Webmaster, so Matt Cutts. Dabei werden aggressive SEO-Maßnahmen zusätzlich durch das Spam-Team von Matt Cutts sehr gründlich unter die Lupe genommen und das schon in den nächsten Wochen. An der Optimierung der Qualität arbeitet Google schon längere Zeit. Das betrifft auch den Googlebot – er soll intelligenter werden und maßlos optimierte Webseiten schneller erkennen und entlarven.

Sorglos können die Webseitenbetreiber sein, die ihre Seiten mit interessanten und qualitativ guten Inhalten versehen haben. Die Webseiten allerdings, die mit Keywords vollgestopft sind sowie keine interessanten, aktuellen und relevanten Themen bieten können, werden von der neuen Art der Abstrafung betroffen sein. Damit die neuen Maßnahmen schnell kommen, sind Ingenieure aus Cutts Team bereits im Einsatz.

Sinngemäße Übersetzung von Matt Cutts (Quelle: *http://searchengineland.com/too-much-seo-google%E2%80%99s-working-on-an-%E2%80%9Cover-optimization%E2%80%9D-penalty-for-that-115627*):

Wir kündigen normalerweise keine Veränderungen an, aber es gibt etwas, woran wir in den letzten Monaten arbeiten. Wir hoffen, dass es in den nächsten Monaten oder wenigen Wochen zu lösen ist. Wir versuchen, das Niveau auf dem Spielfeld ein wenig anzuheben. Wir versuchen, den Googlebot intelligenter zu machen. Die Relevanz soll besser werden. Wir überprüfen diejenigen, die Missbrauch betreiben, indem sie zu viele Keywords auf eine Seite bringen oder mehr als üblich Linktausch betreiben. Wir haben mehrere Ingenieure im Team, die daran arbeiten.

Die semantische Suche bei Google liefert mehr Fakten sowie Fragen und Antworten

Immer klüger will die Suchmaschine Google werden. Deshalb wird die semantische Suche von Google eingeführt, damit der Sinn der Anfragen besser erkannt wird. Die Suchmaschine will durch den Umbau der Suchformel dem Nutzer in der Regel direkte Antworten und Fakten liefern. Hierbei orientiert sich Google an den Konkurrenten. Mit der semantischen Suche können Nutzer direkt nach Personen, Dingen oder Orten fragen und die Suchmaschine soll die Frage und deren Sinn erkennen, verstehen und die richtigen Antworten an den User weitergeben – das jedenfalls wird vom Wall Street Journal berichtet.

Wenn nach bestimmten Fragestellungen, Orten oder anderen Informationen gesucht wird, soll zukünftig die Qualität der Antwort mehr Fakten enthalten. Einwohnerzahlen, Größe oder Fläche eines Ortes könnten besser aufzufinden sein als derzeit. Betroffen sind etwa 20 Prozent der Suchanfragen. Die Suchmaschine Wolfram Alpha funktioniert ebenfalls semantisch. Etwa 10 bis 20 Prozent der Suchanfragen könnten bei der Suchmaschine Google durch die semantische Suche betroffen sein. Eine Stellungnahme an das Magazin wollte der Google-Sprecher jedoch nicht abgeben.

Was können Sie tun, damit Ihre Seite auch nach den Algorithmusänderungen und der Einführung der semantischen Suche noch gut ranken?

Hier einige Vorschläge:

⇨ Bringen Sie interessante und relevante Themen auf die Webseite.

⇨ Nutzen Sie die Keywords maßvoll und sinnvoll.

⇨ Für jede Unterseite sollten individuelle Meta-Tags, Texte und Keywords angelegt werden.

⇨ Nutzen Sie die Suchmaschinenoptimierung (SEO) nach den Regeln von Google und optimieren Sie qualitativ hochwertig.

⇨ Verzichten Sie auf gespinnte Texte.

⇨ Übertreiben Sie Linktauschmaßnahmen nicht.

⇨ Setzen Sie Links nicht in Massen, sondern setzen Sie auf natürlichen Linkaufbau.

⇨ Stellen Sie mehr Fakten und Wissen auf der Seite für den User bereit, z.B. Lexikon und FAQs.

Anhang

Exklusivinterview mit dem internationalen SEO-Experten Rand Fishkin, Mitgründer von SEOmoz

Geboren: 1979 (in Flemington, NJ)

Heimatstadt: Seattle, WA

Ausbildung: Besuchte die University of Washington, Seattle 1997 bis 2001, die er verließ, um SEOmoz zu gründen

Interessen: Reisen, Wissenschaft, NFL Football, Essen, Bier, Scotch Whisky, das Internet

Rand Fishkin ist Geschäftsführer des SEO-Software-Unternehmens SEOmoz, Co-Autor des Buches *Art of SEO* (O'Reilly Media), Mitbegründer von Inbound.org und wurde von BusinessWeek als einer der 30 Best-Tech-Unternehmer unter dreißig benannt.

Abb. 9.1: Rand Fishkin (Quelle: Seomoz.org)

How did you get your current job?
I stumbled into it by being one of only two founders of the company. Originally, SEOmoz was just a blog created as part of my efforts to learn and apply SEO to a marketing consultancy business. Eventually, it outgrew that function and became a company of its own, with me as the CEO.

Wie sind Sie zu Ihrer heutigen Tätigkeit gekommen?
Ich bin da als einer von nur zwei Gründern des Unternehmens reingeraten. Ursprünglich war SEOmoz nur ein Blog, den ich als einen Teil meiner Bemühungen, SEO zu lehren und zu vermitteln, wie man SEO anwenden kann, erstellt hatte. Letztendlich wurde daraus ein Marketing-Beratungsunternehmen, mit mir als CEO.

What goals have you set for yourself as you come into contact with SEO for the first time professionally?
When I first started in SEO, I merely wanted to help my clients' websites rank well. Over time, my relationship with the practice has changed quite a bit. For the past 7 years, I've been very focused on making SEO a more respected part of the marketing mix in organizations around the world.

Welche Ziele haben Sie sich gesteckt, als Sie mit SEO zum ersten Mal beruflich in Berührung gekommen sind?
Als ich mit SEO anfing, wollte ich meinen Kunden nur zu einem guten Ranking ihrer Webseite verhelfen. Im Laufe der Zeit hat sich meine Beziehung zur Praxis ein wenig verändert. In den letzten sieben Jahren war ich sehr fokussiert darauf, SEO auf der ganzen Welt als einen wichtigen Teil eines Marketing-Mix in Unternehmen zu vermitteln.

What motivates you to get such high performance?
I have all sorts of motivations :-) There's a lot of people who've never believed in me, in SEO, in SEOmoz, in the power of inbound marketing or in startups in Seattle. I endeavor to prove all of them wrong. I'm also tremendously motivated to bring great financial, personal and professional reward to the people who've devoted their professional careers to helping Moz succeed – our employees. And, finally, I'm motivated financially. I hope to someday be a philanthropist and investor on a large scale and help change other industries, regions and companies for the better.

Was motiviert Sie, eine solch hohe Leistung zu bringen?
Da gibt es ganz unterschiedliche Motivationen :-). Es gibt eine Menge Leute, die nie an mich geglaubt haben, an SEO, an SEOmoz, an die Power des Inbound-Marketings oder das Start-up in Seattle. Ich bemühe mich, ihnen zu beweisen, dass sie alle falsch lagen. Ich bin außerdem ungeheuer motiviert, eine große finanzielle, persönliche und berufliche Belohnung den Menschen zukommen zu lassen, die ihre berufliche Karriere SEOmoz gewidmet haben. Unsere Mitarbeiter haben Moz erfolgreich gemacht. Und letzten Endes mache ich es auch des Geldes wegen. Ich hoffe, eines Tages als Menschenfreund und Investor im großen Stil die Industrien, Regionen und Unternehmen in einer positiven Art und Weise zu verändern und zu verbessern.

Did you enjoy your stay in Germany (SMX)?
Absolutely! I love Munich and Bavaria – the food, the people, the scenery and of course, having wonderful weather always helps.

Hat Ihnen der Aufenthalt in Deutschland gefallen (SMX)?
Auf jeden Fall! Ich liebe München und Bayern – das Essen, die Menschen, die Landschaft und natürlich ist herrliches Wetter immer eine tolle Sache.

How important are social signals and why?
For marketers, they're critical. They provide a form of social proof, they have direct and indirect impacts on search engine rankings and they help create branding and awareness. Nearly everyone in SEO is thinking about and investing in social media marketing today, and I expect that trend to continue.

Wie wichtig sind Social Signals und warum?
Für Marketer sind Social Signals von entscheidender Bedeutung. Social Signals haben bewiesenermaßen direkte und indirekte Auswirkungen auf Suchmaschinen-Rankings. Sie tragen zur Bildung einer eigenen Marke bei. Nahezu jeder im Bereich SEO denkt über Investitionen in Social-Media-Marketing nach und ich erwarte, dass der Trend anhält.

What mistakes should people avoid in search engine optimization?

Oh man... Thousands. There's no way to ennumerate or list all the mistakes that can be made in SEO. I once made a video about some of our worst mistakes: http://www.seomoz.org/blog/whiteboard-friday-the-biggest-seo-mistakes-seomoz-has-ever-made That made be fun for folks to check out.

Welche Fehler sollte man bei der Suchmaschinenoptimierung vermeiden?

Oh Mann ... Tausende. Die Fehler, die bei der Suchmaschinenoptimierung gemacht werden können, sind nicht mit einer konkreten Zahl zu benennen oder in einer Liste zu erfassen. Ich habe einmal ein Video über einige unserer schlimmsten Fehler erstellt: http://www.seomoz.org/blog/whiteboard-friday-the-biggest-seo-mistakes-seomoz-has-ever-made. Es macht den Leuten Spaß, sich das anzuschauen.

Are there differences of SEO between USA and Germany?

Yes, certainly. The US market is more social on the web, more content-focused and slightly more mature (in terms of technology adoption). Germany is a bit more conservative still, and Google's algorithms are less advanced and nuanced in Germany (though competition is still very aggressive).

Gibt es Unterschiede zwischen SEO in den USA und in Deutschland?

Ja, sicher. Der US-Markt ist im Internet sozialer, mehr auf Inhalte fokussiert und etwas gereifter (in Bezug auf die Übernahme von Technologie). Deutschland ist noch etwas konservativ und die Google-Algorithmen sind weniger fortgeschritten und nicht so ausgeklügelt wie in den USA (obwohl der Wettbewerb immer noch sehr aggressiv ist).

Index

A

Algorithmus
  Updates 209, 214
Analysetools 93
Analysieren
  Anzahl Links 101
  Anzahl unterschiedliche IP-
    Adressen 102
  Backlinks 93
  Domainpop 102
  Impressionen 115
  IP-Pop 102
  Keyworddichte 94
  Keywords 94, 115
  Klicks 115
  Lesbarkeit durch Suchmas-
    chinen 94
  Linkquellen 115
  Links 115
  Performance 94
  Rankings 102
  Sichtbarkeit 94, 100
  Social-Media-Aktivitäten
    103
  Suchanfragen 115
  Webseite 115, 117
Anchor-Text 107
  analysieren 115
Artikelverzeichnisse 59
Author-Tag 211
Autorenschaft 211
  beantragen 212

B

Backlinkchecker 93
Backlinkquellen 60

Backlinks
  themenrelevante 67
  überwachen 113
Backlinkstruktur
  überprüfen 93
bad neighborhood 67
Black-Hat-Methoden 108
Blogartikel 59
Blogkommentare 59
Blogs 59
Branchenbücher 59
Branding 210

C

Content
  Anbieter 143
  Marktplätze 143
  Texte 143

D

Deep Links 177
Domainname
  Markenrecht 147
Domainpop 102

F

Facebook
  Anbieterkennzeichnung 147
Fotos
  Urheberrecht 148
Freeblogs 59

G

Google+ 116
Google Analytics 117
Googlebot 28

Google Keyword-Tool
  Siehe Keyword-Tool
Google Verticals 178, 179

I
Impressionen
  analysieren 115
Interne Verlinkung 27
IP-Pop 102

K
Keyworddichte 171
  analysieren 94
  Texte 147
Keyworddomains 106
Keywordrecherche 171
Keywords 170
  analysieren 94, 115
  auswählen 93
Keyword-Tool 171
Klicks
  analysieren 115

L
Ladegeschwindigkeit 29
Landingpage 30
Lesbarkeit durch Suchmaschinen
  analysieren 94
Linkaufbau
  Artikelverzeichnisse 59
  Blogartikel 59
  Blogkommentare 59
  Blogs 59
  Branchenbücher 59
  Freeblogs 59
  Pressemitteilungen 59
  RSS-Verzeichnisse 59
  Social Bookmarks 59
  themenrelevante Backlinks
    67

  über RSS-Verzeichnisse 65
  über Wikipedia-Artikel 56
  über Wikipedia-Weblink 57
  Webkataloge 59
Linkchecker 93
Linkquellen 59
  analysieren 115
Links
  analysieren 115
  zu Unterseiten 177
Linkstruktur 177
Linktausch 110
  Links prüfen 113
  Prüfsoftware 111
  Rankingcheck 110
Linktexte 177
Linkveröffentlichung 55

M
Markenrecht 147
Meta-Tags
  analysieren 94

N
Newsletter 138
Newsletter-Verzeichnisse 139

O
Onlineanalyse 94
Onpage-Optimierung 107
OVI (Online Value Index) 100

P
Pagespeed 29, 107
  messen 29
  optimieren 29
Penalty
  SEOed-Taktiken 214
Performance analysieren 94

Pinterest 181
Pressemitteilungen 59

R
Rankingcheck 110
Rankingfaktoren 105
  Aktualität der Inhalte 210
  Anchor-Text eingehender
    Links 107
  Anzahl der Backlinks 105
  Anzahl der Links 101
  Autorenschaft 211
  Content 107
  Description 106
  Domainalter 106
  Inhalt 107, 210
  interne Verlinkung 106
  Ladegeschwindigkeit 29,
    107
  Name der Webseite 106
  Pagespeed 29
  Relevanz der Inhalte 210
  Social Links 103
  soziale Netzwerke 107
  Struktur der Webseite 107
  Texte 143
  Title 106
  Trust und Stärke eingehender
    Links 107
  Übereinstimmung Seitenin-
    halte und -thema 210
Rich Snippets 209
  Testing Tool 212
RSS-Feeds 65
RSS-Links 65
RSS-Verzeichnisse 59, 65

S
Schlagwortwolke 28
Semantische Suche 215

SEO-Tools 93, 94, 95, 96, 98,
  99
Sichtbarkeit
  analysieren 94
Sichtbarkeitsindex 100
Sitemap 29
Snippets
  Siehe Rich Snippets
Social Bookmarks 59
Social Signals
  analysieren 94
Soziale Netzwerke
  Pinterest 181
  Rankingfaktor 107
Stopwords 105
Suchanfragen
  analysieren 115
Suche
  semantische 215
  vertikale 178, 180
Suchergebnisse
  bezahlte 30
  Inhalt 143

T
Tag-Cloud 28
Texte 143
  Aufbau 145
  Content-Anbieter 143
  Content-Marktplätze 143
  Keyworddichte 147
  Keywords 147, 170
  optimieren 145
  Struktur 145
  Urheberrecht 148
Trust-Rank 56

U
Urheberrecht 148

V

Verlinkung
  interne 27
  Sitemap 29
Vertikale Suche 178
  Faktoren 180

W

Webkataloge 59
Webmaster-Tools 113
  Anmeldung bei 113
  Google+-Aktivitäten 103,
    116
  Statistiken 115
Webseite
  analysieren 94, 95, 96, 98,
    99, 115, 117
  Anzahl Besucher analysieren
    117
  Backlinkstruktur prüfen 93

Besucherverhalten analysie-
    ren 117
  bewerten 94
  Description 106
  Ladegeschwindigkeit 29,
    107
  Landingpage 30
  Seitenaufrufe 117
  Sichtbarkeit analysieren 94,
    100
  Statistiken 115
  Struktur 107
  Titel 106
  Unterseiten verlinken 27,
    177
Webseitenname 106
Werbemaßnahmen
  Newsletter 138
Wikipedia 56